# 基于虚拟现实的电力培训技术
# 实践及应用

孙蓉　唐锦　崔林　等　编著

中国电力出版社

CHINA ELECTRIC POWER PRESS

## 内 容 提 要

随着技术的快速发展和更新，虚拟现实技术凭借自身优势，迅速应用于各行业的培训场景中。本书以电力行业中虚拟现实技术的应用为基础，主要阐述了虚拟现实技术的研究背景与发展现状、虚拟现实技术的关键技术、虚拟现实环境的构建、虚拟现实技术在电力企业培训中的应用实例、发展与展望等。

本书可作为虚拟现实技术初学者的入门教材，为从业者提供虚拟现实技术应用于电力企业培训场景下的实例分析，供电气、计算机技术专业的科技人员参考。

**图书在版编目（CIP）数据**

基于虚拟现实的电力培训技术实践及应用 / 孙蓉等编著. —北京：中国电力出版社，2021.3
ISBN 978-7-5198-5257-3

Ⅰ.①基…　Ⅱ.①孙…　Ⅲ.①虚拟技术－应用－电工技术－技术培训　Ⅳ.① TM-39

中国版本图书馆 CIP 数据核字（2021）第 005376 号

出版发行：中国电力出版社
地　　　址：北京市东城区北京站西街 19 号（邮政编码 100005）
网　　　址：http：//www.cepp.sgcc.com.cn
责任编辑：王春娟　匡　野（010–63412786）
责任校对：黄　蓓　郝军燕
装帧设计：张俊霞
责任印制：石　雷

印　　刷：北京天宇星印刷厂
版　　次：2021 年 3 月第一版
印　　次：2021 年 3 月北京第一次印刷
开　　本：710 毫米 ×1000 毫米　16 开本
印　　张：8
字　　数：140 千字
定　　价：36.00 元

# 编 委 会

# 前　言

　　虚拟现实技术主要依靠计算机模拟虚拟环境来给人以沉浸式体验，虚拟现实技术的出现，给现代教育培训模式带来了巨大的改变，这是因为，相较于传统的培训方式，虚拟培训方式有其特有的优势。随着技术的发展，越来越多的行业可开始应用虚拟现实技术进行教育培训，其中就包括电力企业的电气知识培训。不仅如此，虚拟现实技术将对整个电力行业教育培训的发展起到重要的作用。

　　虚拟现实技术一般利用计算机多媒体技术创建仿真环境，通过硬件设备来模拟人体的视觉、听觉、味觉和触觉等真实感觉，使参与者沉浸其中，在该环境下产生与实际场景中相同或相似的体验。对于电力行业来说，为消除带电作业人员对带电设备的恐惧，提升带电作业人员的操作技能，增强带电作业人员的安全意识，往往需要进行大量的培训，但是实地培训操作常受场地、天气、技术水平等因素的限制，使得传统的培训效果并不理想，而基于虚拟现实技术建立带电作业的仿真培训系统则可以很好地解决上述问题，虚拟现实技术建立的仿真环境，通过模拟现场作业环境和操作流程，可以使人员更形象、直观地了解并掌握标准的输电线路带电作业方法，为用户提供了更加规范化、常态化、高效率、低成本的培训场景。

　　本书基于以往科技项目研究和在虚拟现实方面开展的工作成果提炼而成，第 1 章介绍了虚拟现实技术的研究背景与发展现状；第 2 章对虚拟现实中涉及的关键技术进行了说明；第 3~5 章主要介绍了用于电力培训场景下的虚拟现实模型环境的构建与实际应用，第 6 章借助部分应用实例来对虚拟现实技术在电力培训中的应用进行了分析与说明；最后，第 7 章内容分析了虚拟现实技术在电力企业培训以及整个电力行业中的应用和发展，对虚拟现实技术的未来发展前景予以了一定的建议与展望。综合本书内容，既能使初学者了解虚拟现实技术的基本原理和其在电力企业培训场景下的应用情况，也能激发从业者对虚拟现实技术应用于电力行业的未来发展的新思考。

限于编著者的水平，再加上成书时间仓促，本书可能存在疏漏和不足之处，恳请广大读者给予批评指正。

编著者
2020 年 11 月

# 目 录

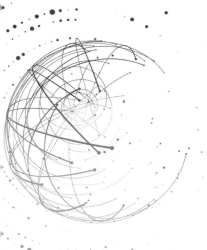

# 第 1 章

## 概　述

## 1.1　虚拟现实的行业发展背景

虚拟现实（Virtual Reality，VR）是当前世界范围内最火热的前沿科学技术，它通过集成计算机图形、计算机仿真、人工智能、感应、显示及网络并行处理等多种技术的最新成果，在多维信息空间为用户提供视觉、听觉、触觉等感官模拟的虚拟环境，借助特殊的输入/输出设备，用户进行位置移动或肢体动作时，电脑通过运算将精确的三维世界信息传回给用户，使用户获得沉浸式体验，并与高度贴近现实的虚拟环境实现自然交互。

近年来，随着技术的迭代升级，移动智能设备的普及和移动互联网的进一步发展，虚拟现实技术正逐步走向成熟，且在各行业具有十分广阔的应用前景，或将全面改变未来人类的工作生活方式。根据《国民经济和社会发展第十三个五年（2016~2020 年）规划纲要》简称（"十三五"规划纲要），新科技、新产业、新经济成为贯穿整个"十三五"规划纲要的最大亮点之一。"十三五"规划纲要明确指出将大力推进虚拟现实这一前沿技术领域的创新应用。随着 Google、三星、微软、索尼等科技龙头企业的资本加入和技术推动，国内虚拟现实行业市场规模正处于飞速增长阶段，2016 年被业界普遍认为是虚拟现实行业真正的元年，虚拟现实系统、硬件、应用都跃上一个台阶。

虚拟现实在国内仍未得到广泛应用，在工业领域渗透率较低，在国内具有相当大的技术应用前景和用户增长空间。因此，在虚拟现实技术的产业化和规模化发展趋势背景下，深化虚拟现实技术创新应用具有十分重大意义。

## 1.2　虚拟现实在电力企业培训中的应用意义

企业培训是现代企业人力资源管理与开发的核心环节之一，对保证现代企业竞争优势正起到越来越重要的作用，其根本目标在于使员工获得解决实际工作问题的知识技术和技能方法。电力系统作为规模最大、结构最复杂、技术最密集、安全风险最高的系统之一，一方面其安全稳定运行对技术人员在实际工作中的技术技能水平提出了很高要求；另一方面，电力企业培训一直存在着难以解决的痛点问题，突出表现在以下几个方面：

（1）电力企业培训的安全风险问题。电力安全生产始终是电力企业的首要工作任务，由于电力系统具有安全运行风险系数高、事故后果严重的特点，电力企业培训开展必须以防范实际安全事故风险为前提，难以针对实际系统设备开展演练模拟，化解安全事故风险与员工现场实际能力培养之间存在的突出矛盾，是电力企业培训始终面临的重大难题。

（2）培训教学与现场实际脱节的问题。现有电力企业培训模式，往往从实际工作中凝练知识经验，进而利用专家讲授或以师带徒的方式进行知识信息的传授，这种模式往往难以在教学过程中有效反映实际工作场景特点，无疑是"纸上谈兵"的教学方法。目前仍缺乏有效的教学手段方法，来准确描述现场实际情况，造成培训教学质量不高，实际效果并不十分理想。

（3）现场培训覆盖面有限的问题。受场地设备设施限制，电力企业现场培训难以克服时间和空间的限制，再加上电力企业安全管理的严格要求，依托工作现场开展观摩演练等简单性培训都存在诸多约束，现场培训教学无法实现对广大学员的有效覆盖，目前缺乏具有现场感的高效异地教学模式的教学技术。

（4）复杂场景培训难以开展的问题。电力系统存在大量构造原理十分复杂的设备设施，且面临着大量诸如高空作业、带电作业等复杂工作场景，往往由于结构复杂性、工作高危险性或场景特殊性，无法在培训中有效呈现场景真实情况，相关模拟演练培训更是难以有效开展，高危或特殊的复杂场景培训始终是电力企业面临的难题。

（5）教学成本效益待加强的问题。各类电力设施设备造价昂贵，而且电力企业实训设施十分有限，依托现实设备设施开展各类培训不切实际，这需要耗费大量建设成本和运行维护成本。而且现实设施设备培训灵活性不足，难以及时升级更新，以适应电力新技术的快速发展。如何提高培训实际成本效益，是电力企业培训发展必须解决的难题。

针对上述电力企业培训凸显的主要问题，虚拟现实有着得天独厚的技术优势，可以提供解决问题的有效方案。它通过生成与一定范围的现场实际情况高度近似的数字化模拟分析环境，使得工作场景的实际特征有效融入企业培训当中，并以培养实践动手能力和创新精神为重点，为学员提供自由发挥、自由创造的虚拟空间，以及个性化的、创造性的培训教育。基于虚拟现实的电力企业培训方式灵活多变，不仅能实现多场景、多工种的培训应用，而且可有效降低安全事故风险和实际设施设备的建设维护成本，与传统培训相比有着无可比拟的优势。目前虚拟现实技术在电力企业培训中的应用并不多见，在变电站仿真模拟训练等方面培训的应用也主要停留在三维可视化呈现，并没有很好实现学员的沉浸式体验。研究虚拟现实在电力企业培训中的技术应用具有重要研究价值和应用前景，可以有效创新企业培训模式，提升企业培训实效。

不仅如此，在当今互联网信息时代，网络培训将传统教学搬上互联网以突破时空限制，为学员提供开放共享的培训资源，大幅降低培训成本、提高培训效率。而且虚拟现实技术也必然呈现分布式网络化发展趋势，它可以打造一个全新的互联网入口，在虚拟环境下实现由"人机互动"到"人人互动"的体验升级。虽然网络化和平台化的虚拟现实产品仍未出现，但基于网络实现虚拟现实系统的分布式协同互动已是未来发展趋势。在公司已具备成熟网络培训模式的条件下，创新研究互联网技术和虚拟现实技术的有效融合，构建适用于电力企业培训的网络化虚拟现实平台，不仅具有足够技术前瞻性和研究价值，还能加速电力培训模式的革新升级，有力推动虚拟现实在电力企业培训中的实际应用。同时，随着虚拟现实行业的飞速发展和相关关键技术的不断突破，增强现实、混合现实等更高级形态的虚拟现实技术将会推动各行各业的革命性升级发展，被认为可能是未来计算机信息时代的终极形态。

本书对当前虚拟现实技术进行前瞻性研究，可以为在未来进一步开展增强现实、混合现实技术研究奠定基础，具有充足的技术发展空间和良好的实际应用前景。

# 1.3　国内外虚拟现实技术发展现状

## 1.3.1　国外虚拟现实技术的发展现状

### 1. 美国虚拟现实技术的研究现状

美国是 VR 技术的发源地。美国 VR 研究技术的水平基本上就代表国际 VR 发展的水平。目前美国在该领域的基础研究主要集中在感知、用户界面、后台软件和硬件四个方面。

北卡罗来纳大学 (UNC) 的计算机系是进行 VR 研究最早、最著名的大学。他们主要研究分子建模、航空驾驶、外科手术仿真、建筑仿真等。

Loma Linda 大学医学中心的 David Warner 博士和他的研究小组成功地将计算机图形及 VR 的设备用于探讨与神经疾病相关的问题，首创了 VR 儿科治疗法。

麻省理工学院 (MIT) 是研究人工智能、机器人和计算机图形学及动画的先锋，这些技术都是 VR 技术的基础，1985 年 MIT 成立了媒体实验室，进行虚拟环境的正规研究。

SRI 研究中心建立了"视觉感知计划"，研究现有 VR 技术的进一步发展。1991 年后，SRI 进行了利用 VR 技术对军用飞机或车辆驾驶的训练研究，试图通过仿真来减少飞行事故。

华盛顿大学华盛顿技术中心的人机界面技术实验室 (HIT Lab) 将 VR 研究引入了教育、设计、娱乐和制造领域。伊利诺斯州立大学研制出在车辆设计中支持远程协作的分布式 VR 系统。

乔治梅森大学研制出一套在动态虚拟环境中的流体实时仿真系统。从 20 世纪 90 年代初起，美国率先将虚拟现实技术用于军事领域，主要用于以下四个方面：①虚拟战场环境；②进行单兵模拟训练；③实施诸军兵种联合演习；④进行指挥员训练。

**2. 欧洲虚拟现实技术的研究现状**

英国在 VR 开发的某些方面，特别是在分布并行处理、辅助设备 ( 包括触觉反馈 ) 设计和应用研究方面，在欧洲来说是领先的。英国 Bristol 公司发现，VR 应用的交点应集中在整体综合技术上，他们在软件和硬件的某些领域处于领先地位。英国 ARRL 公司关于远地呈现的研究实验，主要包括 VR 重构问题。他们的产品还包括建筑和科学可视化计算。

欧洲其他一些较发达的国家，如荷兰、德国、瑞典等，也积极进行了 VR 的研究与应用。

瑞典的 DIVE 分布式虚拟交互环境，是一个基于 Unix 系统的，不同节点上的多个进程可以在同一世界中工作的异质分布式系统。

荷兰海牙 TNO 研究所的物理电子实验室 (TNO–PEL) 开发的训练和模拟系统，通过改进人机界面来改善现有模拟系统，以使用户完全介入模拟环境。

德国在 VR 的应用方面取得了出乎意料的成果。在改造传统产业方面：①用于产品设计、降低成本，降低新产品开发的风险；②产品演示，吸引客户争取订单；③用于培训，在新生产设备投入使用前用虚拟工厂来提高工人的操作水平。

### 3. 亚洲虚拟现实技术的研究现状

在亚洲，日本虚拟现实技术研究发展十分迅速，同时韩国、新加坡等国家也在积极开展虚拟现实技术方面的研究工作。

在当前实用虚拟现实技术的研究与开发中日本是居于领先地位的国家之一，主要致力于建立大规模 VR 知识库的研究。另外在虚拟现实的游戏方面的研究也做了很多工作。

NEC 公司开发了一种虚拟现实系统，它能让操作者都使用"代用手"去处理三维 CAD 中的形体模型，该系统通过数据手套把对模型的处理与操作者手的运动联系起来。

京都的先进电子通信研究所 (ATR) 正在开发一套系统，它能用图像处理来识别手势和面部表情，并把它们作为系统输入。日本国际工业和商业部产品科学研究院开发了一种采用 X、Y 记录器的受力反馈装置。东京大学的高级科学研究中心将他们的研究重点放在远程控制方面，最近的研究项目是主从系统。该系统可以使用户控制远程摄像系统和一个模拟人手的随动机械人手臂。东京大学原岛研究室开展了 3 项研究：人类面部表情特征的提取、三维结构的判定和三维形状的表示、动态图像的提取。东京大学广濑研究室重点研究虚拟现实的可视化问题。为了克服当前显示和交互作用技术的局限性，他们正在开发一种虚拟全息系统。

筑波大学研究一些力反馈显示方法，开发了九自由度的触觉输入器，虚拟行走原型系统。

富士通实验室有限公司正在研究虚拟生物与 VR 环境的相互作用。他们还在研究虚拟现实中的手势识别，已经开发了一套神经网络姿势识别系统，该系统可以识别姿势，也可以识别表示词的信号语言。

此外，在电力领域方面，从全球范围来看，全球数字电网、在线可视化调度与预警、电网可视化规划与分析权威研发与咨询机构美国 PowerWorld 公司现已开发出最新模拟器 14 版本。PowerWorld 模拟器是一个互动的电力系统仿真软件包，可以模拟从几分钟到数天的高电压电力系统运行。该软件包含一个高效的潮流分析软件包，能够有效地对多达 10 万节点的大型系统进行仿真。

## 1.3.2　国内虚拟现实技术的发展现状

我国对于虚拟现实技术的研究和国外一些发达国家还存在相当大的一段距离，但随着计算机系统工程以及计算机图形学等技术的发展速度越来越快，我国各界人士对于虚拟现实技术也越来越重视，正在积极进行虚拟环境的建立以及虚拟场景模型分布式系统的开发等等。国内许多高校和研究机构也都在积极地进行虚拟现实技术的研究以及应用，并取得了不错的成果：

北京航空航天大学是国内最早进行虚拟现实技术研究的单位之一，建立了一种分布式虚拟环境，可以提供虚拟现实演示环境、实施三维动态数据库、用于飞行员训练的虚拟现实系统以及虚拟现实应用系统的开发平台等等，并对虚拟环境中物体物理特性的表示和处理着重进行了研究，并在虚拟显示的视觉接口硬件方面进行开发，并提出了相关的算法和实现方法；哈尔滨工业大学计算机系成功解决了表情和唇动合成的技术问题等；1997 年清华大学成立了国内第一个"虚拟制造中心"，分布在清华大学的自动化系、精密仪器与机械学系进行异地协同仿真研究。1998 年浙江大学建成国内第一套基于虚拟现实技术的 CAVE(Cave Automatic Virtual Environment) 系统，该系应用计算机图形学，将高分辨率的立体投影技术和三维计算机图形技术、音响技术、传感器技术相结合，生成了一个供多人使用的完全沉浸的虚拟环境；1999 年武汉大学测绘遥感信息工程国家重点实验室成功地将遥感、空间信息系统和空间定位等方面的基础理论、关键技术、应用模式和集成方法应用于数字城市的实现过程。1999 年清江公司和华中科技大学共同投资建设了水电能源综合研究仿真中心，进行梯级水电联合优化调度理论、数字流域及其计算机仿真、三维可视化虚拟现实技术及水电生产过程控制仿真的研究。近期，清华大学国家光盘工程研究中心采用 QuickTime 技术，成功实现了大全景 VR 布达拉宫的创建。

在国内电力领域，江苏电力作为国家电网有限公司改革创新的先锋军，在电力改革逐渐进入深水区的大环境下，以加强互联网+、云计算、大数据、虚拟现实等新技术融合发展为指引，积极实施公司"十三五"信息化建设战略，致力打造电力行业新的生态模式。在虚拟现实方面，明确提出应用虚拟现实、增强现实和混合现实等技术对现场作业、规划设计、客户服务、员工培训等方面进行改革与创新。

国网江苏省电力科学研究院作为江苏省电力技术培训中心的主体承担单位，承担着面向全省范围的新技术培训和网络培训任务。近年来，国网江苏省电科院充分研究国内外先进培训技术，率先在电力企业培训中引入虚拟现实技术，并通过与虚拟现实龙头企业广泛而深入的合作，先后建设完成了虚拟现实沉浸式培训教室、局域网 VR 资源分发系统、特高压变电站游览系统等项目，实现了虚拟现实技术在特高压等典型现场培训中的创新应用。

同时，在省公司的支持下，成功申请了省公司科技项目"基于分布式虚拟现实的电力企业培训关键技术与应用"，深入研究了适用于电力企业培训的网络化虚拟现实平台架构、功能等关键技术，为江苏电力虚拟现实网络培训平台的有效落地及网络化虚拟现实课程中心、协同实操培训创新功能的实用化打下了坚实的基础。

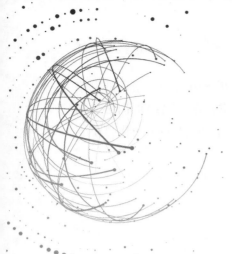

# 第 2 章
# 虚拟现实相关技术

## 2.1　概述

　　虚拟现实是以计算机技术为核心，综合利用计算机图形系统以及各种显示和控制等接口设备，生成与一定范围真实环境在视、听、触感等方面高度近似的数字化环境，用户借助必要的装备与数字化环境中的对象进行相互作用、相互影响，可以产生亲临对应真实环境的感受和体验。VR 技术实时的三维空间表现能力、人机交互式的操作环境以及给人带来的身临其境感受，将一改人与计算机之间枯燥、生硬和被动的现状，为人机交互界面开创了新的研究领域。

　　VR 系统包含操作者、机器及人机接口三个基本要素，其中机器是指安装了适当的软件程序，用来生成用户能与之交互的虚拟环境的计算机，人机接口则是指将虚拟环境与操作者连接起来的传感与控制装置。和其他的计算机系统相比，VR 技术可提供实时交互性操作、三维视觉空间和多通道（视觉、听觉、触觉、味觉等）的人机界面，克服了传统的人机接口方式的弊端，将会改变人类获取信息的方式，代表了人机接口方式的最新发展方向，因而引起了广泛关注，并得到越来越多的应用。

## 2.2　什么是虚拟现实技术的概念

### 2.2.1　虚拟现实技术特征

虚拟现实技术具有以下技术特征（见图 2-1）：

（1）沉浸性 (Immersion)，又称临场感，指用户存在于模拟环境中的感知真实度，理想的模拟环境用户难以分辨真假，使用户完全投入到计算机创建的三维环境中。该环境看上去全是"真"的，感觉如同在真实世界一样，甚至包括闻起来、尝起来等感知都是"真"的。

（2）交互性 (Interaction)，即用户对虚拟环境内物体、环境中的可操作程度和反馈自然程度。例如，用户可以用手去抓取环境中虚拟的物体，手会有握着东西的感觉，并可以感觉物体的重量。

（3）构想性 (Imagination)，虚拟现实技术应具广阔想象空间，除了可再现真实环境外，还可构想客观不存在或不可能发生的事物和环境。

除上述三个特征外，虚拟现实技术还具有多感知性 (Multi-Sensory)——除一般的视觉感知外，还有类似于人体的感知，如听觉感知、触觉感知、运动感知，嗅觉感知、味觉感知等功能。由于传感技术的限制，目前虚拟现实技术感知功能主要在视觉、听觉、触觉、运动等几个方面。

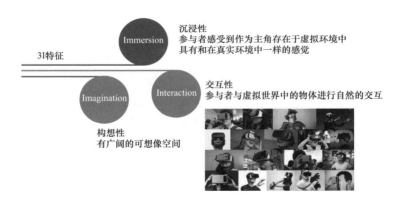

图 2-1　虚拟现实技术特征示意图

## 2.2.2　虚拟现实技术分类

根据系统的功能不同，虚拟现实技术总体上可分为桌面式 VR 系统、沉浸式 VR 系统、增强式 VR 系统和分布式 VR 系统四大类，如图 2-2 所示。

桌面式 VR 系统采用立体图形技术，在计算机屏幕中产生三维立体空间的交互场景。该项技术采用标准的显示器和立体显示技术，通常作为单机运行或浏览，最易实现，且成本较低，目前多应用于工程 CAD、建筑设计及医疗、教育培训等方面。

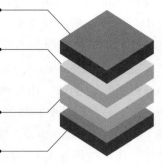

▶ **桌面式VR系统**
采用立体图形技术，在计算机屏幕中产生三维立体空间的交互场景，是目前得到应用的传统一般模式

▶ **沉浸式VR系统**
利用实体的装置系统把用户的感知（视觉、听觉等）封闭起来，使得用户全身心地沉浸在VR环境中，是当前最能展现虚拟现实效果的成熟技术

▶ **增强式VR(Augmented VR)系统**
将真实世界的信息叠加到利用虚拟现实技术模拟、仿真的世界中，使真实世界与虚拟世界融为一体，具有巨大的应用潜力

▶ **分布式VR(Distributed VR)系统**
将多个用户通过计算机网络连接在同一个虚拟世界，共享同一个虚拟空间，共同观察和操作，是当前移动信息互联时代的重要发展趋势

**图 2-2　虚拟现实技术类别示意图**

沉浸式 VR 系统利用实体的装置系统（如头盔显示器、数据手套等）把用户的感知（视觉、听觉等）封闭起来，使得用户全身心地沉浸在 VR 环境中，使用户有一种置身于虚拟境界之中的感觉，是当前最能展现虚拟现实效果的成熟技术，相关产品全面进入消费市场。

增强式 VR 系统将真实世界的信息叠加到利用虚拟现实技术模拟、仿真的世界中，使真实世界与虚拟世界融为一体。与沉浸式 VR 系统相比，该技术还相对不够成熟，并没有出现真正的消费级产品，但它具有真实感强、建模工作量小的优势，具有十分大的应用潜力，被认为可能是未来计算机的终极形态。

分布式 VR 系统则是虚拟现实技术与网络技术结合的产物，将多个用户通过计算机网络连接在同一个虚拟世界，共享同一个虚拟空间，共同观察和操作。该项技术应用仍存在一定挑战和难题，实际应用案例也并不多见，但是当前移动信息互联时代的重要发展趋势，具有十分广泛的应用前景。

## 2.2.3　虚拟现实技术发展历程

VR 概念、思想和研究目标的形成与相关科学技术，特别是计算机科学技术的发展密切相关，经历了几个阶段，如图 2-3 所示。

1929 年 Link E.A. 发明了一种飞行模拟器，使乘坐者实现了对飞行的一种感觉体验。可以说这是人类模拟仿真物理现实的初次尝试。其后随着控制技术的不断发展，各种仿真模拟器陆续问世。

Link E.A.发明了一种飞行模拟器，使乘坐者实现了对飞行的一种感觉体验

1965

相关技术高速发展，以及军事演练、航空航天等领域的巨大需求，VR技术进入了快速发展时期，但未能实际应用

2016
VR元年

1929

Ivan Sutherland第一次从计算机显示和人机交互的角度提出了模拟现实世界的思想

20世纪
90年代

VR技术在当前又面临着新一轮的发展热潮，大量科技公司进入VR领域，VR商业化应用的进程在全球范围内得到加速

图 2-3　虚拟现实技术发展历程示意图

1965 年计算机图形学之父 Ivan Sutherland 在 IFIP 会议所作的标题为"The Ultimate Display"的报告，从计算机显示和人机交互的角度提出了模拟现实世界的思想，报告提出观察者可通过它直接沉浸在计算机控制的虚拟环境之中，就如同日常生活在真实世界一样，并能以自然的方式与虚拟环境中的对象进行交互，这也奠定了 VR 研究的基础。

由于受计算机技术本身发展的限制，总体上说 20 世纪 60~70 年代这一方向的技术发展不是很快，处于思想、概念和技术的酝酿形成阶段。进入 20 世纪 80 年代，随着计算机技术，特别是个人计算机和计算机网络的发展，VR 技术发展加快。这一时期出现了三维虚拟火星表面等多个典型 VR 系统，其开发推动了 VR 理论和技术的研究。

20 世纪 90 年代以后，随着计算机技术与高性能计算、人机交互技术与设备、计算机网络与通信等科学技术领域的突破和高速发展，以及军事演练、航空航天、复杂设备研制等重要应用领域的巨大需求，VR 技术进入了快速发展时期，但这一阶段的商业化潮流未能带来有效的实际应用，最终没能获得成功。

随着互联网信息技术的快速发展，VR 技术在当前又面临着新一轮的发展热潮，自 2014 年 Facebook 20 亿美元收购 Oculus，同时三星、HTC、索尼等科技巨头组团加入，让人们看到了这个行业的广阔前景，国内目前已经出现数百家 VR 领域创业公司。VR 商业化应用的进程在全球范围内得到加速。

国内的 VR 研究起步较晚，但 VR 技术已引起了我国政府和学术界的高度重视，并制定了开展 VR 技术研究的计划，十多年来，我国北京航空航天大学、浙江大学、中国科学院计算技术研究所、中国航天科工集团第二研究院等高等院校、科研院所进行了各具背景，各有特色的研究工作，在理论研究、技术创新、系统开发和应用推广方面都取得明显成绩，我国在这一科技领域进入了发展的

新阶段。由于 VR 的学科综合性和不可替代性，以及经济、社会、军事领域越来越大的应用需求，VR 技术得到了国家更高的重视，也将得到更加广泛的实际应用。

# 2.3　虚拟现实关键技术

由于虚拟现实所固有的多领域交叉复合的发展特性，多种技术交织混杂，且产品定义处于发展初期，有关技术轨道尚未完全定型，目前对关键技术的界定以及技术体系的划分尚不明确。针对虚拟现实的发展特性，提出"五横两纵"的技术体系及其划分依据，如图 2-4 所示。"五横"指近眼显示、感知交互、网络传输、渲染处理与内容制作，是目前虚拟现实的五大技术领域。"两纵"是指支撑虚拟现实发展的关键器件/设备与内容开发工具和平台。

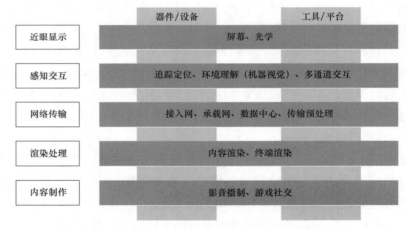

图 2-4　虚拟现实技术"五横两纵"技术架构

## 2.3.1　近眼显示技术

### 1. 高角分辨率与广视场角显示

（1）高角分辨率显示。

随着 VR 头显在近眼显示上对清晰度的要求日益提高，降低"纱窗效应（Screen Door Effect）"，提高屏幕分辨率（及开口率）成为关键发展方向，"4K+"分辨率由智能手机领域的弱需求上升为虚拟现实的强需求。此外，由于 VR 具备的 360 度全景显示特性，角分辨率 PPD（Pixel Per Degree）取代 PPI（Pixel Per Inch）成为更适宜衡量虚拟现实近眼显示像素密度的核心技术指标，随着未来 4K 屏幕的日益普及、视场角/分辨率的权衡设计，预计单眼 PPD 将由目前的 15 升至 2020 年的 30 以上水平。

（2）广视场角显示。

AR 强调与现实环境的人机交互，由于显示信息多为基于真实场景的提示性、补充性内容，现阶段 AR 显示技术以广视场角（Field of View，FOV）等高交互性（而非高分辨率）为首要发展方向。然而，目前国内外代表产品在一定体积与重量的约束条件下，FOV 大多仅停留在 20~40 度水平。因此，在初步解决 OLEDoS 等屏幕或 LCOS 等微投影技术后，提高 FOV 等 AR 视觉交互性能成为业界的发展趋势。相比扩展光栅宽度的传统技术路线，波导与光场显示等新兴光学系统设计技术成为谷歌、微软等领军企业的核心技术突破方向。

**2. 眩晕控制**

发展符合人眼双目视觉特性的近眼显示技术成为虚拟现实眩晕控制的技术制高点。目前，虚拟现实眩晕产生机理尚未完全为人所知，国内北京理工大学等高校就内容设计、个体差异、VR 软硬件等方面展开了深入研究。从人眼双目视觉特性看，业界公认的眩晕感主要源自三方面。

（1）显示画质，纱窗、拖尾、闪烁等过低的画面质量引发的视觉疲劳容易引发眩晕，提高屏幕分辨率、响应时间、刷新率，降低头动和视野延迟（MTP）成为技术趋势。

（2）视觉与其他感官通道的冲突，强化视觉与听觉、触觉、前庭系统、动作反馈的协同一致成为发展方向，目前除前庭刺激、服用药物等非主流方式外，HTC VIVE、Oculus 的 Room Scale、Virtuix Omni 的全向跑步机成为缓解此方面眩晕感的主要技术。

（3）辐辏调节冲突（Vergence Accommodation Conflict，VAC），由于双目视差在产生 3D 效果的同时，造成双目焦点调节与视觉景深不匹配，VR 头显难以如实反映类似真实世界中观看远近物体的清晰/模糊变化。

目前，对于产生眩晕感的前两类因素，业界已有上述初步的解决方案，然而，在现有量产产品中，尚未有应对 VAC 引发眩晕感的技术方案，发展非固定焦深的多焦点显示（Multi-focal Display）、可变焦显示（Vari-focal Display）与光场显示成为业界在近眼显示眩晕控制方面的重中之重。

## 2.3.2　感知交互技术

追踪定位技术呈现由外向内的空间位姿跟踪（Outside-In Position Tracking）向由内向外的空间位姿跟踪（Inside-Out）的发展趋势。从需求体验看，相比手机固有的通信属性，感知交互成为虚拟现实的核心特质，否则虚拟现实将退化为头戴式电视/手机，其中追踪定位是一切感知交互的先决条件，只有确定了现实位置与虚拟位置的映射关系，才能进行后续诸多交互动作，目前 Inside-Out 是未来追踪定位的热门技术路线。

VR、AR 在基础需求上存在共通之处，即现实位置坐标与虚拟位置坐标的映射关系成为感知交互顺利进行的先决条件。因此，各类追踪定位技术成为 VR/AR 引擎或 SDK 的基础能力，定位的准确度和精确度决定了引擎/SDK 的整体可用性。对于 VR 而言，感知交互侧重于多通道交互。由于虚拟信息覆盖整个视野，重点在于现实交互信息的虚拟化。对于 AR 而言，由于大部分的视野中呈现现实场景，感知交互侧重于基于机器视觉的环境理解。总体来说，感知交互是各大厂商重兵投入的热点领域，也是目前产品市场最有可能实现差异化的领域，相关需求非常旺盛。

## 2.3.3　网络传输技术

虚拟现实网络传输技术发展趋势表现为：一是大带宽接入，针对固定接入场景，室内 Wi-Fi 从百兆、千兆覆盖到下一代 Wi-Fi 技术实现万兆覆盖。有线接入方面，10G PON 已经成熟，可以在合适的场景选择。对更大带宽的需求，25G PON，100G PON 的标准正在定义中。针对无线接入，实现 10GE 吞吐量是 5G 通信最关键的三个需求维度之一；二是高容量承载网络，承载网络接入环以光纤环为主，需要 50~100G 容量，末端微波需要 10~40G 容量，汇聚核心需要 200G 或 400G 容量；三是低时延网络，构成网络的每个网元具备超低时延转发的能力，达到每跳 10μs 级别的指标。承载网架构也需要面向时延要求进行优化，并提供时延可测量、可管理的体系架构。四是敏捷和开放的网络，通过 SDN 使能的网络 IT 化和自动化转型，提供网络的敏捷性和开放性能力，匹配网络云化的部署效率和复杂流量模型，最终实现网络的 E2E 资源管理呈现、业务发放能力，以及屏蔽下层网络设备的复杂实现，对网络的资源实时进行调度，提高资源利用率；五是多业务隔离，由于不同业务需求迥异，数据面有隔离需求，管理和控制面有独立运营需求。承载网通过网络切片技术，实现业务隔离，支撑多租户对网络切片的控制。

## 2.3.4　渲染处理技术

渲染处理主要涉及两部分：①内容渲染，即将三维虚拟空间场景投影到平面形成平面图像的过程。②终端渲染，即对内容渲染生成的平面图像进行光学畸变、色散校正，以及根据用户姿态进行插帧的处理过程。

所有的渲染技术旨在提升渲染性能，以最小的开销来渲染更高分辨率、更多用户可感知的细节内容。其中，VR 渲染关键在于复杂的内容运算，如两倍于普通 3D 应用的 GPU 运算量、实时光影效果等，AR 渲染技术与 VR 基本一致，但应用场景侧重于与现实世界的融合，如虚实遮挡、光影渲染、材质反光渲染等。

未来，虚拟现实渲染技术将持续向更加丰富、逼真的沉浸体验方向发展，因此，在硬件能力、成本和功耗制约及 5G 商用的情况下，注视点渲染、云端渲染、渲染专用芯片、光场渲染等有望成为业界主流。

# 第 3 章

# 虚拟现实模型资源构建和录播技术

## 3.1 虚拟现实模型资源构建技术

### 3.1.1 虚拟现实模型三维素材采集

#### 1. 素材采集主要内容

三维模型制作的数据采集主要包括几何数据、纹理数据、属性数据等。

（1）几何数据采集内容主要包括电力设备设施的高度、长度、基地形状及尺寸、立面形状及尺寸、顶面形状及尺寸、断面尺寸等实物的几何外观框架尺寸以及内部部件尺寸数据。

（2）纹理数据采集内容主要包括电力设备设施的外立面或表面的完整影像信息、局部影像信息、材质视觉颜色信息等。

（3）属性数据的采集内容主要包括电力设备设施建模所需的固有内容采集，如电力设备的设备编号、名称、电压等级、型号、材质等。

#### 2. 素材采集方式

（1）几何数据采集的方式。

几何数据采集的方式包括从图纸资料提取、近景拍摄测量、三维激光扫描、全站仪器测量等。三维激光扫描设备输出的点云数据如图 3-1 所示。

（2）纹理数据采集的方式。

主要包括摄影和计算机的模拟制作，摄影所获取的图像、视频资料是三维模型中纹理数据的主要方式，也是最真实有效的纹理获得方式，简单的模型纹理可通过计算机模拟制作获取，具有方便、快捷的特点。

图 3-1 三维激光扫描设备输出的点云数据

摄影获取纹理时应注意：

1）应避免阴影，消除眩光；尽量选择天气比较晴朗的时间，避免光线过曝，或曝光不足。

2）宜手动设置曝光时间、光圈大小和感光度，能够保证纹理质量的情况下可选择自动曝光。

3）应选择光线较为柔和均匀的天气进行拍照，并选择最佳摄影角度（条件允许时尽量保持 90°进行拍摄），避免逆光拍摄。

4）对于室内摄影拍照，宜在不同位置设置光源，使被摄目标照度均匀。

5）应根据不同精度及表现要求，确定拍照需要表现的细节。

6）应拍摄可用来制作纹理的有代表性的表面影像。

7）应包括电力设备所有的表面影像，确保无遗漏。

8）对于重复单元的表面，宜拍摄局部；对于无重复单元的表面，宜拍摄完整表面，对于结构复杂或无法正视拍摄的表面，宜进行多角度拍摄。

（3）属性数据采集的方式。

属性数据采集主要通过电力设备出厂资料、图纸资料、生产管理信息、实地调查等方式获取。

## 3.1.2　虚拟现实模型的三维构建方法

虚拟现实（VR）模型的构建涉及许多三维虚拟模型，模型的复杂度和精细度决定了虚拟场景的逼真度。考虑到硬件的限制和虚拟现实系统的实时性的要求，VR 系统的建模与以造型为主的动画建模方法有着显著的不同。目前电力设备虚拟现实建模构造主要有几何建模方法和基于图像的绘制方法两种。

**1. 几何建模方法**

（1）多边形建模。多边形建模技术是最早采用的一种建模技术，它的思想很简单，就是用小平面来模拟曲面，从而制作出各种形状的三维物体，小平面可以是三角形、矩形或其他多边形但实际中多是三角形或矩形。使用多边形建模可以通过直接创建基本的几何体，再根据要求采用修改器调整物体形状或通过使用放样、曲面片造型、组合物体来制作虚拟现实作品。多边形建模的主要优点是简单、方便和快速但它难于生成光滑的曲面，故而多边形建模技术适合于构造具有规则形状的物体，如大部分的人造物体，同时可根据虚拟现实系统的要求，仅仅通过调整所建立模型的参数就可以获得不同分辨率的模型，以适应虚拟场景实时显示的需要。

（2）NURBS 建模。NURBS 是 Non-Uniform Rational B-Splines（非均匀有理 B 样条曲线）的缩写，它纯粹是计算机图形学的一个数学概念。NURBS 建模技术是最近 4 年来三维动画最主要的建模方法之一，特别适合于创建光滑的、复杂的模型，而且在应用的广泛性和模型的细节逼真性方面具有其他技术无可比拟的优势。但由于 NURBS 建模必须使用曲面片作为其基本的建模单元，所以它也有以下局限性：NURBS 曲面只有有限的几种拓扑结构，导致它很难制作拓扑结构很复杂的物体(例如带空洞的物体)；NURBS 曲面片的基本结构是网格状的，若模型比较复杂，会导致控制点急剧增加而难于控制；构造复杂模型时经常需要裁剪曲面，但大量裁剪容易导致计算错误；NURBS 技术很难构造"带有分枝的"物体。

（3）细分曲面技术。细分曲面技术是 1998 年才引入的三维建模方法，它解决了 NURBS 技术在建立曲面时面临的困难，它使用任意多面体作为控制网格，然后自动根据控制网格来生成平滑的曲面。细分曲面技术的网格可以是任意形状，因而可以很容易地构造出各种拓扑结构，并始终保持整个曲面的光滑性。细分曲面技术的另一个重要特点是"细分"，就是只在物体的局部增加细节，而不必增加整个物体的复杂程度，同时还能维持增加了细节的物体的光滑性。但由于细分曲面技术是一种刚出现不久的技术，3D Studio MAX R3 对它的支持还显得稚嫩，还不能完成一些十分复杂的模型创作。

有了以上 3D MAX 几种建模方法的认识，就可以在为虚拟现实系统制作相应模型前，根据虚拟现实系统的要求选取合适的建模途径，多快好省地完成虚拟现实的作品的制作。

在虚拟现实作品制作的时候应当遵循一个原则：在能够保证视觉效果的前提下，尽量采用比较简单的模型，而且若能够用参数化方法构建的对象尽量用参数化方法构建，同时，在模型创作过程中，对模型进行分割，分别建模，以利于在虚拟现实系统中进行操作和考察。

对于复杂对象的运动或原理演示，可以预先将对象的运动和说明做成动画存为 avi 文件，然后等待虚拟现实系统合适的触发事件，播放该 avi 文件即可。

**2. 基于图像的绘制方法**

传统图形绘制技术均是面向景物几何而设计的，因而绘制过程涉及复杂的建模、消隐和光亮度计算。尽管通过可见性预计算技术及场景几何简化技术可大大减少需处理景物的面片数目，但对高度复杂的场景，现有的计算机硬件仍无法实时绘制简化后的场景几何。因而面临的一个重要问题是如何在具有普通计算能力的计算机上实现真实感图形的实时绘制。IBR 技术就是为实现这一目标而设计的一种全新的图形绘制方式。该技术基于一些预先生成的图像（或环境映照）来生成不同视点的场景画面，与传统绘制技术相比，它有着鲜明的特点：

（1）图形绘制独立于场景复杂性，仅与所要生成画面的分辨率有关。

（2）预先存储的图像（或环境映照）既可以是计算机合成的，亦可以是实际拍摄的画面，而且两者可以混合使用。

（3）该绘制技术对计算资源的要求不高，因而可以在普通工作站和个人计算机上实现复杂场景的实时显示。由于每一帧场景画面都只描述了给定视点沿某一特定视线方向观察场景的结果，并不是从图像中恢复几何或光学景象模型，为了摆脱单帧画面视域的局限性，可在一个给定的视点处拍摄或通过计算得到其沿所有方向的图像，并将它们拼接成一张全景图像。为使用户能在场景中漫游，需要建立场景在不同位置处的全景图，继而通过视图插值或变形来获得临近视点的对应的视图。IBR 技术是新兴的研究领域，它将改变人们对计算机图形学的传统认识，从而使计算机图形学获得更加广泛的应用。

## 3.1.3 虚拟现实模型的纹理优化技术

纹理映射技术是指利用逼真的纹理既可以提高模型的细节水平和真实感，

又不增加三维几何造型的复杂度，从而减少了模型的多边形数量，同时利用光照和阴影生成技术提高模型真实感的重要技术，但是由于实时性的要求，大多虚拟现实软件采用了静态阴影技术，但是静态阴影不能满足人们的需求，现在动态阴影的快速生成技术，也是研究的一个热点和难点。

**1. 纹理映射技术原理**

纹理映射技术的基本思想是将二维纹理图像映射到三维物体表面的处理过程，直观地说，就是将二维数字化图像设法"贴"在三维物体表面，产生表面细节。具体到系统，就是将数字化的二维采样图像映射到地平面或物体表面，经过纹理映射技术处理后的物体的面数会因为纹理的使用而减少。

纹理映射过程为：

（1）选择或确定当前纹理。

（2）映射纹理 u，v 坐标变成几何坐标。

（3）调整面上图像的颜色数据和阴影数据（如果要求的话）；应用过滤器消除由像素到图元 (texel) 之间关系引起的不正常效果。

使用纹理映射技术有以下优点：

（1）增加了细节水平及景物的真实感；

（2）由于透视变换，纹理提供了良好的三维线索；

（3）纹理大大减少了环境模型的多边形数目，提高图形显示的刷新频率；

（4）因此，在不影响真实感的情况下，可以充分利用纹理映射技术来构造场景模型。

**2. 纹理映射关键技术方法**

（1）透明纹理映射技术。

透明纹理是通过纹理技术和融合技术共同实现的，所谓融合技术 (Blending) 指通过源和目的的颜色值相结合的融合函数，使最后的效果中部分场景表现为半透明。

（2）不透明单面中的纹理映射技术。

这是一种典型的、通常意义上的纹理映射技术，在 3ds max 和 MultiGen 等建模软件中经常使用。它可以大大提高模型的逼真度，一方面，通过纹理的图像模拟出丰富的细节，简化模型的复杂程度；另一方面，赋予模型丰富的色彩和贴图特征。

（3）纹理拼接技术。

纹理拼接技术在三维景观建模系统中经常可见，它的出现减缓了由于大量使用高分辨率的纹理给系统带来的沉重负担。纹理拼接的基本思想是：将大纹理拆分为若干个小范围纹理，然后寻找具有代表性的纹理图案作为拼接因子，这样就可用若干小图像拼接出一幅大图像的效果。纹理拼接在大面积单调景观的模拟上非常实用，如模拟湖泊水面、草地表面、地形表面等，配合适当的图像处理，都能获得不错的效果。

（4）各向同性处理技术。

透明单面的显示机制有两种类型：①如树木等物体，本身厚度不可忽略，视点从任何角度的侧面看，都类似于一个锥体或柱体的形状；②广告牌、桥梁的侧面等，本身厚度可以近似为零，视点从它们的侧面看，只是一个单面。在忽略物体各个侧面外观条件不同的条件下，其实现方式有：

**方法一**：采用十字交叉法，将两个互相垂直的平面，分别映射相同的纹理，这样在不用的角度总可以看到相同的图像。这种方法的缺点是：

1）如果视点距离模型对象很近，则会看出破绽；

2）如果被映射的是具有较规则物体的纹理，如邮筒等，此方法可能不适用。

**方法二**：采用一个平面进行纹理映射，在显示时赋予该平面"各向同性"的特性，即随时根据视线的方向设定平面的旋转角度，使其法向量始终指向视点。这种方法也适用于纹理具有规则边界的物体。

（5）多种纹理技术的综合应用。

在不增加场景多边形数量的情况下，可以使用纹理来增强场景的细节表现从而增强实时视景系统的逼真性。如果能恰到好处地使用到多种纹理技术，会显著提高系统的显示速度。通常使用到的纹理有一般纹理 (Texture)、多纹理 (Multi Texture)、子纹理 (Sub Texture) 和细节纹理 (Detail Texture) 等。

一般纹理：即通常意义上的贴图技术。以 3ds max 为例，它支持长方体、球体、圆柱体、平面、复杂几何体和环境实体等多种贴图方式。

多纹理：所谓多纹理是指在同一个几何面上同时应用多个纹理，并使用诸如混合 (Blend)、调整 (Modulate) 等算法将多个纹理及其面的其他属性 ( 如颜色、材质等 ) 按照一定的优先顺序依次叠加在一起。多纹理技术最大特点是引入了层 (Layer) 的概念，因此可以在不增加面数的情况下，大大增强场景的细节表现和逼真度，并有利于减少为了表现细节而可能需要增加的面数。

子纹理：子纹理技术是指选择某一纹理的局部或某一部分作为纹理应用在一个几何面上，被选择的部分称为子纹理。子纹理技术由于将纹理的局部应用在几何模型上，从而减少了存储在纹理盘 (Texture Palette) 中的纹理数量，有利于节约系统内存和减少节点的状态改变数。由于子纹理技术具有节约系统内存和减少渲染延迟等优点，因此可以将多个纹理无缝拼接成尺寸较大的纹理图片。但是值得注意的是，拼接成的纹理图片尺寸大小的范围一般要求是2的整数倍单位。

细节纹理：细节纹理技术指通过一定算法将一张简单的纹理图片虚拟创造出多张连续的不同细节层次的纹理图片。当这些纹理图片应用到具有细节层次的数据库时，随着视点的变化，细节纹理提供不同细节层次的纹理，即在低层次的模型，低清晰度的低分辨率纹理图片被应用，而在高层次的模型，高清晰度的高分辨率纹理图片被应用。细节纹理技术将LOD概念引入到纹理中，因此可以代替在数据库中创建不同复杂度的细节层次模型，有助于减少场景中的多边形数量。细节纹理技术主要应用在不需要接触和交互，只需要模拟表现随着视点的变化而真实变化的环境场景，如：高空飞行和地面驾驶训练模拟中的天空和地面场景。

（6）复杂模型表面的纹理映射复杂模型的创建是建模的难点，相应地其纹理贴图也是一直备受关注的焦点之一。最基本的解决方法是将复杂模型分解为不同的子单元，针对每一个子单元采用相应的纹理贴图技术来实现。

## 3.1.4 电力虚拟现实模型构建方法

### 1. 基本流程

根据VR模型所展现的重点，划分模型搭建的重点表现区域和场景区域，从而确定模型表现的精细程度，模型按照精细程度分为基础模型、标准模型、精细模型。

（1）基础模型：仅表现实体对象基本形态的模型，结构特性与实物基本相符，采用示意纹理或无纹理，模型尺寸与实际误差宜小于2m且小于实际尺寸的10%。

（2）标准模型：仅对实体对象的主体结构进行几何建模，模型尺寸与实际误差宜小于0.5m且小于实际尺寸的5%，模型纹理能反映实物的基本色调、饱和度、亮度等特性。

（3）精细模型：对实体对象的主体及附件的尺寸、比例、倾斜角度、倒角厚度等几何规格严格按照设备实际尺寸进行制作，纹理能精细反映实物外观色调、饱和度、亮度等特性的真实纹理。模型尺寸及实际误差小于0.2m且小于实际尺寸的1%。

根据电力虚拟现实模型需求，需要确定模型需要的精细程度，同时依据采集的几何数据、纹理数据、属性数据等按照如下流程图制作对应的三维模型，如重点展示学习或用于交互的电力设备模型需要进行精细化模型制作，而其他一般模型等可根据需求不同进行基础模型或标准模型制作，具体制作流程如图 3-2 所示。

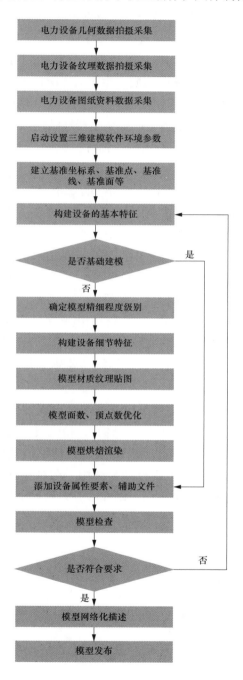

图 3-2　三维素材建模流程图

### 2. 电力设备数据采集实现规范

数据采集是建立三维模型的第一步，数据采集的质量直接影响到后期模型制作的效果，目前电力企业使用最多的数据采集方法是对三维建模对象进行拍照、CAD 图纸的收集等工作。拍摄尽量选择天气晴朗的时间，避免光线过曝或光线不足，过曝或过暗都会对贴图品质产生重大影响甚至导致贴图不可用。

（1）标出拍照顺序：为便于对照照片，结合 CAD 底图 / 平面布置图 / 航拍鸟瞰图 / 卫星云图等工作底图了解电厂各个电器件结构位置，在对单个电器物件拍摄前先在工作底图上以"△"标出电器物件的起始点（面），再以箭头标出拍照绕行的顺序。

（2）先整体后局部拍摄：对于电器物件的每个面，先拍一张全景照片，以便了解整个物件的大概结构。然后取该面最小重复单元，从正面进行环绕拍摄。注意：对于高度相对较高的器件，尽量相机视角取低位拍摄，避免仰角过大；对于器件某个面或某个重复单元过长的，就分段拍摄，但尽量不要分得太多，避免制作人员拼图工作量太大；对于单器件与个别器件不同的细节特征，如电器件设备 LOGO 和重要信息等要重点抓拍，不能遗漏。拍摄时要注意照片的连续性，以便建模人员充分理解照片，常用的拍摄顺序一般为顺时针或逆时针。

（3）相对较高电器件的拍摄：受拍摄条件限制，无法从上往下拍到顶面全景的，要从下往上对电器件拍出其特征结构与轮廓全景，便于结合远景照片等再现其结构与材质。

（4）拍摄死角问题：在实际情况中，经常会出现拍摄电器物件的局部时一个或多个面无法进行拍摄（特别是内侧结构），相机镜头遇到拍摄死角不易放置角度，即使有一面是拍摄不到的，也要尽量的使能够被拍摄的面形成一种连续拍摄，以便制作人员能清楚地了解模型的结构。在对此电器件拍摄完成后，请在图上详细标明无法拍摄的面的方向。图 3-3 是对这些电器件的拍摄处理方法。

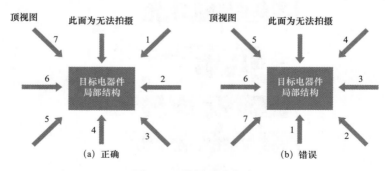

图 3-3　拍摄处理方法

（5）取景时尽量让电器件主体充满整个画面，不能超出也不能太小。

（6）当拍照距离不够让电器件主体充满整个画面时分段按顺序关联拼接拍摄。

（7）每区域中的每幅照片必须准确记录拍摄方向才能辨别其相对位置，具体的记录方式为：如拍摄西北方的电器件（此电器件为影像图上标记的一号电器件），拍摄者站在此电器件的正东北角拍摄时，可记录此照片为"1–1– 西北"。若西北方拍了两张，则第二张记录为"1–2– 西北"。

（8）如遇拍摄的照片不理想或根本不能使用时，请于再次拍摄前删除先前的照片，以不至于因照片太多造成混乱。

（9）在有好的电器件纹理时，也要顺手采集出来。

**3. 模型制作实现规范**

本节提到的所有数字模型制作，全部是用 3D MAX，SKETCHUP 建立的模型，即使是不同的驱动引擎，对模型的要求基本是相同的。当一个 VR 模型制作完成时，它的基本内容包括：场景尺寸、单位，模型归类塌陷、命名、节点编辑，纹理、坐标、纹理尺寸、纹理格式、材质球等它们必须是符合制作规范的。一个归类清晰、面数节省、制作规范的模型文件对于程序控制管理是十分必要的。

（1）在模型分工之前，必须确定模型定位标准。一般这个标准会是一个CAD 底图。制作人员必须依照这个带有 CAD 底图的文件确定自己分工区域的模型位置，并且不得对这个标准文件进行任何修改。导入到 MAX 里的 CAD 底图最好在（0，0，0）位置，以便制作人员的初始模型在零点附近。

（2）在没有特殊要求的情况下，单位为米（m）。

（3）删除场景中多余的面，在建立模型时，看不见的地方不用建模，对于看不见的面也可以删除，主要是为了提高贴图的利用率，降低整个场景的面数，以提高交互场景的运行速度。如 box 底面、贴着墙壁物体的背面等。

（4）保持模型面与面之间的距离推荐最小间距为当前场景最大尺度的二千分之一。例如：在制作室内场景时，物体的面与面之间距离不要小于 2mm；在制作场景长（或宽）为 1km 的室外场景时，物体的面与面之间距离不要小于20cm。如果物体的面与面之间贴得太近，会出现两个面交替出现的闪烁现象。模型与模型之间不允许出现共面、漏面和反面，看不见的面要删掉。在建模初期一定要注意检查共面、漏面和反面的情况。

（5）可以复制的物体尽量复制。如果一个 1000 个面的物体，烘焙好之后复制出去 100 个，那么他所消耗的资源，基本上和一个物体所消耗的资源一样多。

（6）建模时最好采用 Editable Poly 面片建模，这种建模方式在最后烘焙时不会出现三角面现象，如果采用 Editable Mesh 在最终烘焙时可能会出现三角面的情况。

（7）模型的塌陷，当一栋建筑模型经过建模、贴纹理之后，然后就是将模型塌陷，这一步工作也是为了下一步烘焙做准备。所以在塌陷的时候要注意一些问题：

1）按照"一建筑一物体"的原则塌陷，体量特别大或连体建筑可分塌为 2~3 个物体，但导出前要按建筑再塌成一个物体，城中村要按照院落塌陷；

2）用 Box 反塌物体，转成 Poly 模式，这时需检查贴图有无错乱；

3）塌陷物体，按楼或者地块来塌陷，不要跨区域塌陷；

4）按照对名称的要求进行严格的标准的命名；

5）所有物体的质心要归于中心，检查物体位置无误后锁定物体。

注　所有物体不准出现超过 20000 三角面的情况，否则导出时出错。

（8）模型命名。不能使用中文命名，必须使用英文命名，不然在英文系统里会出问题。地块建筑模型不允许出现重名，必须按规范命名。

（9）模型的级别也就是模型的精细程度，有时我们在建模的时候要根据建筑所处的具体位置，重要程度对该建筑进行判断是建成何种精度的仿真模型。可以将建筑分为五个等级。其中，一级为最高等级，五级为最低等级。单个物体的面数不要太大，毕竟是做虚拟现实，而不是制作单张效果图。单个物体面数要控制到 8000 个面以下。

（10）镜像的物体需要修正。用镜像复制的方法来创建新模型，需要加修改编辑器修正一下。

### 4. 材质纹理贴图规范

（1）贴图的文件格式和尺寸：建筑的原始贴图不带通道的为 JPG，带通道的为 32 位 TGA，但最大别超过 2048；贴图文件尺寸必须是 2 的 N 次方（8、16、32、64、128、256、512），最大贴图尺寸不能超过 (1024 × 1024)。在烘焙时将纹理贴图存为 TGA 格式。

（2）贴图和材质应用规则：

1）贴图不能以中文命名，不能有重名；

2）材质球命名与物体名称一致；

3）材质球的父子层级的命名必须一致；

4）同种贴图必须使一个材质球；

5）除需要用双面材质表现的物体之外，其他物体不能使用双面材质；

6）材质球的 ID 号和物体的 ID 号必须一致；

7）若使用 CompleteMap 烘焙，烘焙完毕后会自动产生一个 Shell 材质，必须将 Shell 材质变为 Standard 标准材质，并且通道要一致，否则不能正确导出贴图；

8）带 Alpha 通道的贴图，在命名时必须加 "_al" 以区分。

（3）通道纹理应用规则：模型在通道处理时需要制作带有通道的纹理。在制作树的通道纹理时，最好将透明部分改成树的主色，这样在渲染时可以使有效边缘部分的颜色正确。通道纹理在程序渲染时占用的资源比同尺寸普通纹理要多。

（4）模型烘焙渲染方式：采用 Max 自带的 Light Tracer 光线追踪进行渲染。电力设备模型构建在烘焙前会给出固定的烘焙灯光，灯光的高度、角度、参数均不可调整，可以在顶视图中将灯光组平移到自己的区块，必须要用灯光合并场景然后烘焙。

# 3.2　虚拟现实录制播放技术

虚拟现实全景拍摄就是将多张图片或视频按照一定的投影方式进行拼接，最终形成一个 360° 围绕观察者图像。常见的投影方式有 Equirectangular Mercator 等。这几种投影方式各有各的优缺点，不过最常见的是 Equirectangular。标准的做法一般是将 2~8 张的鱼眼图像或者是不定张数的普通照片进行拼合，拼合后可以生成球形全景图或者立方体全景图。比全景图片更进一步的就是全景视频，全景视频与全景图的制作方式并没有本质上的区别，基本上都是将多个鱼眼相机拍摄的视频通过软件进行拼接与融合。

## 3.2.1　虚拟现实全景视频处理和采集

完整的虚拟现实全景视频处理流程架构包括 3 个部分：全景采集、图像拼接、图像传输。全景采集是指由多摄像头组成的全景相机拍摄采集原始平面图像。图像拼接是对全景相机采集的视频进行后期处理过程，它将若干个摄像头的视频合成一路全景视频，并经过编码以及压缩，最后形成一个完整的虚拟现实视频提供给用户。图像传输，将虚拟现实全景视频通过互联网分发给用户。

虚拟现实全景视频处理流程，如图 3-4 所示。

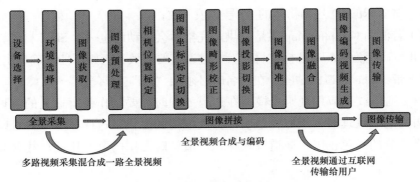

图 3-4　虚拟现实全景视频处理流程

虚拟现实全景视频直播录播体系架构如图 3-5 所示。

对于视频内容的生产而言，第一步就是视频的采集。与普通视频生产不同，全景视频的采集需要多台摄像机同时完成。拍摄使用的全景拍摄设备都是经过相机参数标定的。而在拍摄过程中，因为每台相机的启动时间会有差异，就会产生开机后进入拍摄模式不同步的问题，这就需要解决多相机采集的同步问题。常见的同步方式有：手动同步（Manual），即根据某一个时刻的所有相机采集的视频帧手动进行微调。闪光同步（Flash），即检测所有相机视频帧内的"闪光"，如明亮帧，白色帧，利用这个信号进行同步；运动同步（Motion），即检测所有相机视频帧内的运动信息，通过匹配各帧运动量进行同步；声音同步（Audio Spectrum），即分析所有相机采集到的声音频谱进行同步。

手动同步，这种方式是最原始也是最不准确的方式，无法保证各目相机的帧同步，容易产生帧误差和伴音误差，目前已经逐步被淘汰。

闪光同步，就是利用光线作为同步的标志，这种方案直观明了，实施没有什么难度，但是这种方案也有明显的缺点，某些情况下光信号是无法同时被所有的相机同时拍摄到的，还有在光线比较强的环境下，也会影响到信号的正确识别。

运动同步，就是利用视频帧内的运动信息，通过匹配各帧运动量来作为视频同步的依据，这个同步方案的优点在于拍摄是不需要进行任何操作，简单易用，缺点在背景比较单调的场合难以通过不同镜头或是同一个镜头前后帧的变化来确定同步信息。

声音同步，就是分析所有相机采集到的声音，以声音作为同步的标志点，目前在相机的设计上都有设计开机提示音，这就可以作为同步的标志点，以声音为定位标志点的方案简单易行，不需要增加产品额外功能也不会增加成本，是目前主流的同步定位方式。

通过对各种同步方式的综合比较，以及对于拍摄环境的综合分析，声音同步方式是目前最适合产品特点以及使用场景的定位方式。

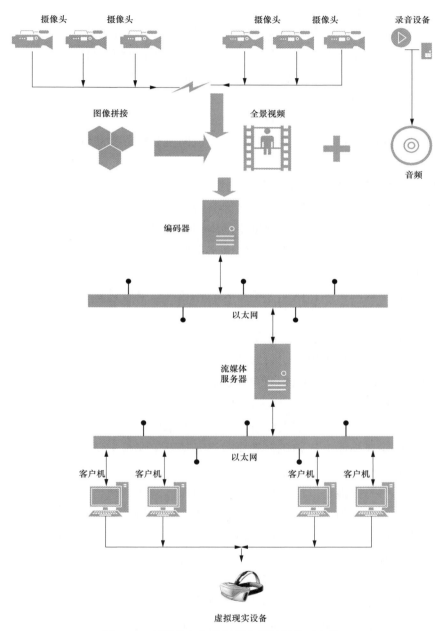

图 3-5　虚拟现实全景视频直播录播体系架构

### 3.2.2　虚拟现实全景视频拍摄

**1. 虚拟现实全景视频图像拍摄设备选择原则**

在拍摄工具方面，虚拟现实视频是360°全方位拍摄，所以需要一台多机位的全景摄影机，配备多方向摄像头。因为360°全方向都有摄像头，工作人员不能出现在布景当中。由于摄像机镜头是定焦的，没有传统电影中的特写镜头和走步移位，比如给某人一个镜头特写之类的，所以一定要事先设定好摄像机的移动轨迹，这是决定能否拍出质量好的虚拟现实视频的基础。再有就是要有一套可靠的同步控制系统控制多台的全景相机同步开机，同步开始拍摄以及传输视频。

**2. 虚拟现实全景视频的拍摄环境选择**

为了提供更真实的拍摄环境，摄像头所及的环境不能出现与视频无关的人或者事物，甚至是导演和摄影师也要远离拍摄现场或者进行适当的伪装以免穿帮，所以视频拍摄布景很重要。当然也不是所有的封闭环境都适合拍虚拟现实视频，只有那些代入感极强的背景才会给虚拟现实用户带来沉浸感，才会显现出虚拟现实视频的美妙，比如《星球大战》这样的电影背景就十分适合虚拟现实视频拍摄。

**3. 虚拟现实全景视频的拍摄方法**

由于虚拟现实视频的后期图形处理直接影响视频的观感，所以拍摄前一定要事先做好规划，拍摄的时候最好一次通过。

虚拟现实的三维环境需要视频拍摄设备能够以360°全方位拍摄，要考虑选择合适的设备，如果固定拍摄或对拍摄质量要求较高可以选择多目相机，如果是移动拍摄要选择便携式相机，必要时还必须要给相机配备合适的外设，比如移动拍摄车、无人机、备用电源灯等。

全景视频的拍摄是以摄像机为中心，模拟体验者的视角，所以找到适合观众视角的最佳机位很重要。一个地点不可能适合拍摄全部动作，因此需要选择多个机位，挂在摇臂上还是挂在摄像车上，如何移动等都需要考虑。镜头所及范围之内，所有人员（包括导演）都必须回避，现场不能遗留与剧情不相关的东西。另外，虚拟现实摄像机不能位于存在安全问题的地点。

摄像机景深和焦点定位同样是一个难题。就目前全景摄像机技术而言，虚拟现实视频上变焦尚不完美，因此制作者必须找到最佳位置，这样观众观看时才会感到很享受。

对于虚拟现实视频，需要特别注意灯光问题。360°视频内的一切都需要与灯光技术指导合作，产生一个以摄像机为圆心的照明半径，让观众观看他们选择的东西并且不干扰现场娱乐活动。

拍摄前需要测试虚拟现实摄像机的最佳高度，理想的高度是与观众的视角在同一水平高度，不能太高，否则观众只能俯瞰表演者；不能太低，否则表演者的脸部表情看不到。另外制作人员必须找到同样很好显示舞者脚部、现场摄像师和观众的高度。

对于虚拟现实视频来说，音乐和角色同样重要：强调时刻，传达情感。好的音乐能将你带入到一个完美的世界中。2D 音乐和立体声音乐如何搭配播放需要大量的测试。

## 3.2.3　虚拟现实全景视频图像拼接

图像拼接 (Image Stitching) 是一种利用实景图像组成全景空间的技术，它将多幅图像拼接成一幅大尺度图像或 360° 全景图，图像拼接技术涉及计算机视觉、计算机图形学、数字图像处理以及一些数学工具等技术。图像拼接主要包括以下几个基本步骤：摄像机标定、传感器图像畸变校正、图像的投影变换、匹配点选取、全景图像拼接（融合），以及亮度与颜色的均衡处理等，以下对各个步骤进行分析。

摄像机标定。由于安装设计以及摄像机之间的差异，会造成视频图像之间有缩放（镜头焦距不一致造成）、倾斜（垂直旋转）、方位角差异（水平旋转），因此物理的差异需要预先校准，得到一致性好的图像，便于后续图像拼接。

图像坐标变换。在实际应用中，全景图像的获得往往需要摄像机以不同的位置排列和不同的倾角拍摄。例如由于机载或车载特性，相机的排列方式不尽相同，不能保证相机在同一面上，如柱面投影不一定在同一个柱面上，平面投影不一定在同一平面上；另外为了避免出现盲区，相机拍摄的时候往往会向下倾斜一定角度。这些情况比较常见，而且容易被忽略，直接投影再拼接效果较差。因而有必要在所有图像投影到某个柱面（或平面）之前，根据相机的位置信息和角度信息来获得坐标变换后的图像。

理论上只要满足静止三维图像或者平面场景的两个条件中的任何一个，两幅图像的对应关系就可以用投影变换矩阵表示，换句话说只要满足这其中任何一个条件，一个相机拍摄的图像可以通过坐标变换表示为另一个虚拟相机拍摄的图像。

图像畸变校正。由于制造、安装、工艺等原因，镜头存在着各种畸变。为了提高摄像机拼接的精度，在进行图像拼接的时候必须考虑成像镜头的畸变。一般畸变分为内部畸变和外部畸变，内部畸变是由摄影本身的构造引起的畸变，外部畸变为投影方式的几何因素引起的畸变。镜头畸变属于内部畸变，由镜头产生的畸变一般可分为径向畸变和切向畸变两类。径向畸变就是集合光学中的畸变像差，主要是由于镜头的径向曲率不同而造成的，有桶形畸变和枕型畸变两种。切向畸变通常是由于镜头透镜组的光学中心不共线引起的，包括有各种生成误差和装配误差等。一般认为，光学系统成像过程当中，径向畸变是导致图像畸变的主要因素。径向畸变导致图像内直线成弯曲的像，且越靠近边缘这种效果越明显。根据径向畸变产生的机理，对视频图像进行校正，经过校正的图像，其有效像素区域缩小，一般可通过电子放大的方式进行校正。

图像投影变换，由于每幅图像是相机在不同角度下拍摄得到的，所以他们并不在同一投影平面上，如果对重叠的图像直接进行无缝拼接，会破坏实际景物的视觉一致性。所以需要先对图像进行投影变换，再进行拼接。一般有平面投影、柱面投影、立方体投影和球面投影等。

平面投影就是以序列图像中的一幅图像的坐标系为基准，将其图像都投影变换到这个基准坐标系中，使相邻图像的重叠区对齐，称由此形成的拼接为平面投影拼接；柱面投影是指采集到的图像数据重投影到一个以相机焦距为半径的柱面，在柱面上进行全景图的投影拼接；球面投影是模拟人眼观察的特性，将图像信息通过透视变换投影到眼球部分，构造成一个观察的球面；立方体投影是为了解决球面影射中存在的数据不宜存储的缺点，而发展出来的一种投影拼接方式，它适合于计算机生成图像，但对实景拍摄的图像则比较困难。

匹配点选取与标定，由于特征点的方法较容易处理图像之间旋转、仿射、透视等变换关系，因而经常被使用，特征点包括图像的角点以及相对于其领域表现出某种奇异性的兴趣点。Harris 等提出了一种角点检测算法，该算法是公认的比较好的角点检测算法，具有刚性变换不变性，并在一定程度上具有仿射变换不变性，但该算法不具有缩放变换不变性。针对这样的缺点，Lowe 提出了具有缩放不变性的 SIFT 特征点。图像的拼接需要在图像序列中找到有效的特征匹配点。图像的特征点寻找直接影响图像拼接的精度和效率。对于图像序列，如果特征点个数 ≥ 4 个，则很容易自动标定图像匹配点；如果特征点很少，图像拼接往往不能取得较为理想的效果。

图像拼接融合，图像拼接的关键两步是配准 (registration) 和融合 (blending)。配准的目的是根据几何运动模型，将图像注册到同一个坐标系中；融合则是将配准后的图像合成为一张大的拼接图像。在多幅图像配准的过程中，采用的几何运动模型主要有平移模型、相似性模型、仿射模型和透视模型。

图像的平移模型是指图像仅在两维空间发生了 X 方向和 Y 方向的位移，如果摄像机仅仅发生了平移运动，则可以采用平移模型。图像的相似性模型是指摄像机本身除了平移运动外还可能发生旋转运动，同时，在存在场景的缩放时，还可以利用缩放因子多缩放运动进行描述，因此，当图像可能发生平移、旋转、缩放运动时，可以采用相似性模型。图像的仿射模型是一个 6 参数的变换模型，即具有平行线变换成平行线，有限点映射到有限点的一般特性，具体表现可以是各个方向尺度变换系数一致的均匀尺度变换或变换系数不一致的非均匀尺度变换及剪切变换等，可以描述平移运动、旋转运动以及小范围的缩放和变形。图像的透视模型是具有 8 个参数的变换模型，可以完美地表述各种变换，是一种最为精确的变换模型。

图像融合技术一般可分为非多分辨率技术和多分辨率技术两类。在非多分辨率技术中主要有平均值法、帽子函数法、加权平均法和中值滤波法等。多分辨率技术主要有高斯金字塔、拉普拉斯金字塔、对比度金字塔、梯度金字塔等。

亮度与颜色的均衡处理，因为相机和光照强度的差异，会造成一幅图像内部，以及图像之间亮度不均匀的问题，拼接后的图像会出现明暗交替，这样给观察造成极大的不便。亮度与颜色均衡处理，通常的处理方式是通过相机的光照模型，校正一幅图像内部的光照不均匀性，然后通过相邻两幅图像重叠区域之间的关系，建立相邻两幅图像之间直方图映射表，通过映射表对两幅图像做整体的映射变换，最终达到整体的亮度和颜色的一致性。

由于虚拟现实视频的拍摄是有多台的相机同步进行，所以后期的处理就非常重要。后期处理必须要有非常强大的图形处理能力，能够同时对多路的视频信号做采集和处理，借助专业的视频融合处理软件做图形拼接。

## 3.2.4　虚拟现实全景视频网络传输

媒体领域中的大部分进步都带来了一个主要的挑战：数据生产和消费的大幅增加。例如以高动态范围传输 4K 视频。在每秒 60 帧的情形下，4K 视频每小时消耗 7G~10GB 的数据。4K VR 体验将需要几倍的带宽，而超高清 VR 内容的分辨率甚至达到 6K~8K 之间，这涉及大量的数据。除了传输数据的挑战之外，VR 内容提供商还需要克服延迟和质量等问题，选择合适的 CDN（内容分发网络）可以解决一定的问题。在基本层面上，通过分为在全球高速网络节点中的缓存文件，CDN 可以减少延迟并提高质量。这里的延迟是对服务器的请求与后续传送给用户的延迟。用户与数据源之间的距离是该延迟长度的关键决定因素。

综合整个虚拟现实技术发展阶段来看，早期阶段可能是 50M 左右的带宽，入门体验阶段会提升到接近 200M，对于网络固定的时延需求基本上是 10ms 左右。进阶体验阶段带宽要求可能达到 1.4G，这个时候对网络的时延要求会进一步的提升到 5ms，这是网络建设的关键技术也是以后的发展重点。

总之，一个好的网络环境对于虚拟现实视频直播是非常必要的，如果是 4K 的虚拟现实视频播放，最好能够有不低于 100M 的网络带宽，还要有一个虚拟现实视频的储存管理与发布的云平台。

# 第 4 章
# 协同互动式网络虚拟培训技术

## 4.1 概述

VR 系统的特征，决定了其除了一般图形系统的人—机交互之外，还有人—人交互，并且要求是同步交互。实时同步的协同工作对 DVR（VR 系统简称）提出了更高的要求。同步交互涉及的问题包括同步交互请求和同步交互检测等。它是充分利用 CSCW（Computer-Supported Cooperative Work) 中的一些成果，把 DVR 与 CSCW 进行结合，形成一个分布式协同虚拟环境。

针对多用户虚拟变电站协作漫游的功能需求，参照国内外典型的分布式虚拟现实应用实例，结合实际情况，系统采用基于 Client\Server 的体系结构，并融入面向对象和组件的设计思想，采用设计模式来设计、开发降低系统的复杂性。系统所有的软件部分，包括客户端和服务器，都将会采用特定的软件编辑来实现，可以带来以下优势：编译代码的可移动性、良好的多任务支持和良好的内存管理。

## 4.2 分布式虚拟现实协同交互技术现状分析

协同感知是多用户共享虚拟环境中研究的重点。虚拟环境中的协同感知是指多用户共享虚拟场景，共享对象尤其是用户的替身对所处场景信息的认知能力，这些信息包括共享对象的更新信息、文本、语音或视频信息、通信以及其他用户的相关信息，用户的位置与运动信息。多用户之间的感知主要是通过应用合理的感知策略来定义用户的交互范围，实现用户之间的协同。其次，适当的感知管理机制也是减少网络信息交互量，增加系统扩展性的有效途径。通过定义不同的感知范围和不同的感知粒度，可以实现用户之间不同程度的交互。

虚拟现实协同交互技术的发展历程与虚拟环境的发展历程息息相关。最初，虚拟现实方面的研究工作集中于单用户系统，强调系统的沉浸特性，追求多种感知的逼真性。随着网络的发展，特别是应用的成功，研究者开始将单机上的单用户虚拟现实系统扩展为网络上的多用户分布式虚拟现实系统。网络技术的飞速发展更进一步推进了该技术的研究和开发。美国科学基金会在 1992 年召开的虚拟环境研究方向研讨会上，对虚拟环境的定义及其研究方向提出了详细的建议，该会议奠定了虚拟现实协同交互技术作为独立研究方向的地位。二十世纪九十年代中后期以来，该技术的研究蓬勃展开，相关产品已经形成相当规模的产业。

欧美等国在虚拟现实协同交互领域的研究处于领先地位。由欧洲一些研究机构组织的系列会议，从 1989 年开始，每两年在欧洲有关国家轮流召开，同样具有很高的学术水平。在国内对虚拟现实协同交互的研究起步较晚，从 90 年代才开始引入和展开相关领域的研究。清华大学和国防科技大学虚拟现实协同交互的研究在国内处于领先地位，从开始对国外技术的跟踪介绍，到对协同多媒体和协同编著系统等方面展开初步研究。随着对虚拟现实协同交互研究和理解的不断加深，虚拟现实协同交互的理论、关键技术和具体应用开始受到关注并成为研究的热点。从 1998 年开始，每两年举办一次全国性的学术会议。

# 4.3 虚拟现实网络协同互动理念框架

## 4.3.1 协同互动模式定义

（1）基本概念与关键要素。

虚拟现实协同交互技术，是把计算机协同工作技术、虚拟现实技术、人工智能技术、多媒体技术和网络技术等多种技术结合在一起，在一组互联的计算机上同时运行虚拟环境系统实现协同工作。目前，它已经成为计算机领域研究、开发和应用的热点。通过协同交互，实现虚拟场景中多人在线虚实互动，人机交互动作同步，通过影像追踪，实现面部表情及肢体动作捕提，并同步虚拟应用之中。

协同虚拟现实技术的研究涉及如何在虚拟环境中支持协同工作，每个参与其中的用户如何在场景中表现自己，如何在多个用户之间建立合理的人机交互方式。构建一个包括较大空间范围、多用户和虚拟对象的虚拟环境涉及虚拟现实技术、分布式计算技术、网络信息交互技术以及相关的信息支撑技术。具体来说，协同虚拟环境的研究工作主要集中在以下几个方面，如图 4-1 所示。

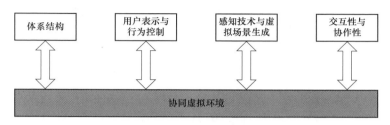

图 4-1　协同虚拟环境

1）体系结构。

体系结构将网络通信、人机交互、实体仿真、图形绘制等多个组件合理而有效地结合在一起，形成一个系统。在为具体应用确定体系结构时，需要根据具体的应用需要和资源条件来选择能满足要求的体系结构，并在此基础上决定采用的网络通信方式和管理策略。

协同虚拟环境的构建首先是要考虑构建一个统一的、开放的体系结构，使其具有良好的兼容性，能够支持多种应用领域和研究目的。尤其是基于多用户共享的虚拟环境，考虑到开放性标准化模式，在体系结构的设计和实现上必须以现有的相关标准为基础，以多用户虚拟环境的特性为依据。具体而言，多用户共享虚拟环境的体系结构包括设计实现基本的系统运行框架、解决数据传输模式、虚拟空间管理模式、时间一致性与同步管理模式以及多用户协同管理模式等基本系统模式所涉及的相关问题。

2）用户表示与行为控制技术。

当多用户共享虚拟场景中存在大量用户时，用户表示将在很大程度上影响用户之间的交互行为。在虚拟环境中即使引入简单的用户表示也会在很大程度上增强虚拟环境的表现力和可感知性。用户替身模型的描述方式，用户在场景中的面部表情、身体姿势、运动以及行为的控制技术，以及多个用户之间的感知交互与协同工作的实现方法越来越受到相关研究人员的重视。

3）感知技术和虚拟场景生成。

感知是理解别人的行为，从而为自己作出正确行为提供一个参考环境。这里涉及协同时应该感知哪些信息、通过什么方式感知、是主动感知还是被动感知以及是实时感知还是异步感知。虚拟场景的生成是构建多用户共享虚拟环境的基础，直接决定着共享虚拟环境的逼真性和沉浸感。在多用户共享场景中虚拟环境的生成包括对真实世界中各种类型对象的三维描述，这些对象因其所具有的不同属性对虚拟场景产生或多或少的影响，并且能够根据虚拟场景的变化更改自己的属性。因此定义标准的虚拟现实建模语言，构建图形图像技术相结合的兼具真实感与沉浸感的逼真虚拟场景是该技术的研究重点。

4）交互性和协同性。

交互方式是协同虚拟环境中必须提供的。交互方式有文字，语音，动作，表情等，其中最自然的应用是语音。由于网络延迟等因素影响，这些交流在协同虚拟环境中都会受到不同程度的阻碍。人与人之间的交互有着某些固定模式和规律。协同虚拟环境必须体现这些规律，并通过具体设置使这些交互方式在系统中得以顺利进行。不同协同任务，有不同的表示。

（2）协同互动模式分层。

分布式虚拟现实系统实现让多个人员与虚拟环境之间建立信息共享交互，根据协同互动过程中人与人之间的交互方式和协同实现难度，依次定义四个层级模式如下：

1）环境同步式协同互动。

环境同步式协同互动模式实现多用户对虚拟环境的同步感知，让多用户能够同步实时处于同一虚拟现实环境当中，让每个用户实现对所处的虚拟环境的空间布局、场景分布等信息准确感知，并与虚拟环境之间实现交互，如图4-2所示。

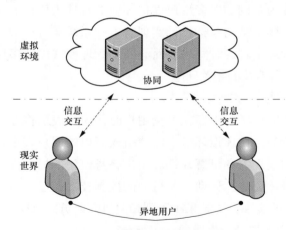

图 4-2　环境同步式协同互动模式

在环境同步式协同互动模式下，多用户实现与虚拟环境的信息交互，但未实现"人人"之间交互协同，目前大部分分布式虚拟现实系统采用这一模式，实现多用户交互。

2）人员感知式协同互动。

人员感知式协同互动模式让每个用户应当知道有谁与自己在虚拟环境中进行协同工作，能够对其他用户进行识别，并对他们的空间位置、表现及行为进行感知，并能够通过多种方式与其进行互动，如图 4-3 所示。

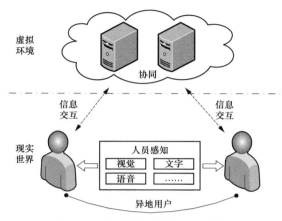

图 4-3　人员感知式协同互动模式

在人员感知式协同互动模式下，多用户之间实现"人人"交互协作，一般通过视觉、文字、语音交互方式进行信息交流交互。

3）流程作业式协同互动。

流程作业式协同互动模式在实现人员感知交互基础上，实现人与人之间的真实作业协同，用户可以通过网络协同控制，与其他用户在相同虚拟环境中实时异地开展协同作业，如图 4-4 所示。

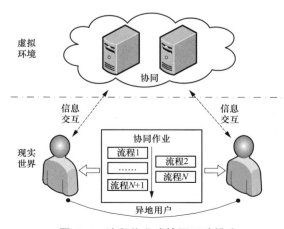

图 4-4　流程作业式协同互动模式

在流程作业式协同互动模式下，多用户开展协同作业通过流程分解实现，用户能够了解协同工作的状态和进程，并协同其他用户按流程开展不同实际作业业务。

4）实体作业式协同互动。

流程作业式协同互动模式不仅能实现多人作业协同，还能支持不同用户在相同虚拟环境中，针对同一虚拟物体对象同步进行协同作业。

实体作业式模式，需要实现对多用户行为动作的精确感知和交互，实现多人共同针对虚拟现实对象开展协同作业，达到与真实实体作业相近的效果，如图 4-5 所示。这一协同互动模式，需要基于相关硬件设备实现对用户行为动作的精确感知捕捉，依赖于硬件行业发展突破，目前存在一定技术实现难度。

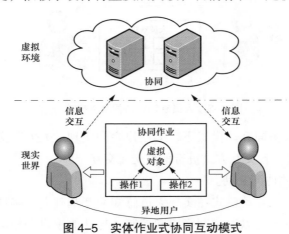

图 4-5　实体作业式协同互动模式

## 4.3.2　技术总体框架

基于不同的协同互动模式，采用多种技术手段，如协同感知技术、同步控制技术、并发控制技术、智能识别分析技术等，形成契合实际的总体解决方案，满足不同需求场景下的协同互动。方案总体架构如图 4-6 所示。

如上图所示，总体方案分为三个层次：

（1）技术层。

架构底层为网络协同互动关键技术支撑。主要采用了协同感知、同步控制、并发控制、智能识别分析四种关键技术。

（2）实现层。

在实现层，根据虚拟现实协同的典型场景，主要包括单人操作、多人协同交互两种实现方式。

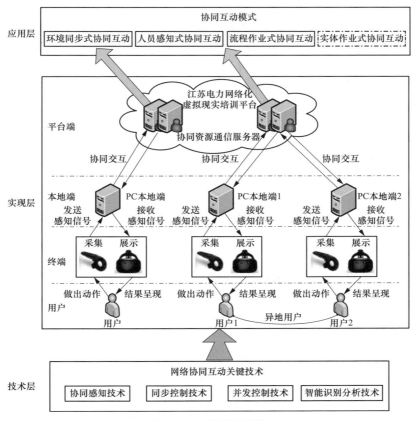

图 4-6 方案总体架构

1）单人操作实现流程。

当用户佩戴 HTC 设备后，首先通过采集设备（HTC 手柄和头盔），侦测并采集自身动作捕捉后生成的感知信号，同时将感知信号同步上传至本地 PC 端；本地 PC 端接收到该感知信号后，通过网络与服务器端进行协同交互，将感知信号传送至服务器端；服务器端通过网络，与用户的本地 PC 端进行协同交互，将感知信号传送至本地端；本地端接收到该感知信号后，将其同步传送至用户的 HTC 展示设备（HTC 头盔），这样就形成了单人操作的闭环流程。

2）多人协同交互实现流程。

基于多用户在虚拟现实环境下协同交互操作的情况：用户 A 佩戴 HTC 设备与用户 B 进行协同交互的过程中，首先通过采集设备（HTC 手柄和头盔），侦测并采集协同交互中生成的感知信号，同时将感知信号同步上传至本地 PC 端；本地 PC 端接收到该感知信号后，通过网络与服务器端进行协同交互，将感知信号传送至服务器端；服务器端通过网络，与用户 B 的本地 PC 端进行协同交互，将感知信号传送至本地端；本地端接收到该感知信号后，将其同步传送至用户 B 的 HTC 展示设备（HTC 头盔）；与此同时，用户 B 的动作被采集后，通过同样的流程被用户 A 接收并展示，这样就完成了用户 A 与用户 B 之间采集、传送、接收、展示的闭环流程。

（3）应用层。

在应用层面，根据网络化协同互动在虚拟场景中的实际应用，主要包括环境同步式、人员感知式、流程作业式、实体作业式四种协同互动模式。

# 4.4　虚拟现实网络协同互动关键技术

## 4.4.1　用户信息感知技术

用户感知信息的收集有两个基本的解决方法：其一是由协同成员采取具体措施向协同系统请求感知信息，系统接受请求后将感知信息传递给协同成员；其二是系统监控感知信息的产生，并将感知信息交付给协同成员而无须协同成员的具体行动。感知信息的描述，是指感知信息以何种形式表示，即感知信息的描述结构。感知信息的发布，是指感知信息以何种传输渠道，传递给协同成员。感知信息的呈现，在协同工作系统中，根据成员之间协同关系的紧密程度，一般将协同感知分为完全感知、部分感知和无感知三种。

多用户共享虚拟环境感知系统研究过程中，分布在不同地理位置的用户通过共享虚拟环境中的用户替身来对虚拟环境中场景对象进行操作以及与其他用户进行交互。在多用户共享虚拟环境中，为了更好地体现逼真性和交互性，通常采用关节化的替身表示。使得用户能够通过手柄、数据手套等外部设备控制自己的替身，完成各种简单的动作 ( 如行走、跳跃、跑步等 )，同时可以实现与同一场景中其他替身之间的更自然的交互，如识别并区分不同的替身，观测感知其他替身的位置和方向，与其他替身进行简单的手势交互等。因此，虚拟空间定位技术是虚拟感知研究中最为关键的技术之一。当前阶段，最具代表性的定位技术主要有以下两种：

（1）激光定位技术。

激光定位的基本原理就是在空间内安装数个可发射激光的装置，对空间发射横竖两个方向扫射的激光，被定位的物体上放置了多个激光感应接收器，通过计算两束光线到达定位物体的角度差，从而得到物体的三维坐标，物体在移动时三维坐标也会跟着变化，便得到了动作信息，完成动作的捕捉。其示意图如图 4-7 所示。

图 4-7　激光定位示意图

HTC Vive 的 Lighthouse 定位技术就是靠激光和光敏传感器来确定运动物体的位置，通过在空间对角线上安装两个高大概 2m 的"灯塔"，灯塔每秒能发出 6 次激光束，内有两个扫描模块，分别在水平和垂直方向轮流对空间发射激光扫描定位空间。

HTC Vive 的头显和两个手柄上安装有多达 70 个光敏传感器，其通过计算接收激光的时间来得到传感器位置相对于激光发射器的准确位置，利用头显和手柄上不同位置的多个光敏传感器从而得出头显 / 手柄的位置及方向。

激光定位技术的优势在于相对其他定位技术来说成本较低，定位精度高，不会因为遮挡而无法定位，宽容度高，也避免了复杂的程序运算，所以反应速度极快，几乎无延迟，同时可支持多个目标定位，可移动范围广，可完美应用于电力虚拟现实培训领域。

不足的是，其利用机械方式来控制激光扫描，稳定性和耐用性较差，比如在使用 HTC Vive 时，如果灯塔抖动严重，可能会导致无法定位，随着使用时间的加长，机械结构磨损，也会导致定位失灵等故障。

（2）基于惯性传感器的动作捕捉（虚拟手）技术。

采用这种技术，被追踪目标需要在重要节点上佩戴集成加速度计，陀螺仪和磁力计等惯性传感器设备，这是一整套的动作捕捉系统，需要多个元器件协同工作，其由惯性器件和数据处理单元组成，数据处理单元利用惯性器件采集运动学信息，当目标在运动时，这些元器件的位置信息被改变，从而得到目标运动的轨迹，之后再通过惯性导航原理便可完成运动目标的动作捕捉。虚拟手技术示意图如图 4-8 所示。

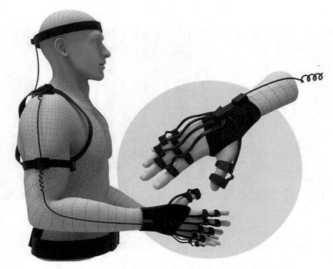

图 4-8　虚拟手技术示意图

代表性硬件产品是诺亦腾（Perception Neuron），它是一套灵活的动作捕捉系统，使用者需要将这套设备穿戴在身体相关的部位上，比如手部的捕捉需要戴一个"手套"。其子节点模块体积比硬币还小，却集成了加速度计、陀螺仪以及磁力计的惯性测量传感器，之后便可以完成单臂、全身、手指等精巧动作及大动态的奔跑跳跃等等的动作捕捉，可以说是上述的动作捕捉技术中可捕捉信息量最大的一个，而且可以无线传输数据。虚拟手技术示意图如图 4-8 所示，动作捕捉技术示意图如图 4-9 所示。

相比其他的动作捕捉技术，该定位技术的优点是：基于惯性传感器的动作捕捉技术受外界的影响小，不用在使用空间上安装"灯塔"、摄像头等杂乱部件，而且可获取的动作信息量大、灵敏度高、动态性能好、可移动范围广，体感交互也完全接近真实的交互体验。

不足的是，由于该传感器的工作原理，需要将这套设备穿戴在身体上，可能会造成一定的累赘，对人的整体活动带来一定的影响。

图 4-9　动作捕捉技术示意图

## 4.4.2　虚拟环境同步技术

VR 多人实时交互技术，实现了异地多人的协同交互，可以让局限于本地的 VR 体验迅速网络化，使得位于异地的用户可同时进入 VR 场景，进行语音交流、行为交互、物品传递、文档演示、协作设计及各种行为互动，实现了通过 VR 连接人和人、人和场景的目的，具有多维的真实感和沉浸感，是最接近面对面交流的远程通信方式。

而同步控制技术是虚拟现实多人协同交互技术中非常关键的技术环节，主要包括环境的一致性以及动作同步。

（1）环境一致性。

为了实现协同感知，需要在协同者之间传递用户状态信息和各种交互信息。一般有 EAI(External Authoring Interface) 和 SAI(Script Authoring Interface) 两种结合方式。通过 EAI 可以调用 Java Applet 来改变场景内容，控制较为灵活，但比较复杂的协同交互通常采用 SAI 方式。通过调用 Java 脚本语言，将复杂的网络控制和文件访问功能引入协同场景，从而建立起协同虚拟通信环境。

在虚拟场景交互中，只有当学员在自己本地计算机上看到的场景与其他学员看到的场景一致时，协同操作才能进行下去。因此，仿真系统必须维护一个统一的虚拟场景，场景一致性包括场景元素的一致性、虚拟物体的位置和姿态的实时一致性、虚拟物体之间约束关系的一致性等。

可以采用如下的方法实现虚拟场景的统一：

1）创建一个虚拟场景元素数据库，在各学员计算机本地下载一份虚拟场景元素数据，当需要修改虚拟场景元素时，只需修改虚拟场景元素数据库，其他各学员本地计算机只需更新一下场景元素即可，所有程序都在系统运行之前离线进行，这样就保证了场景元素的一致性。

2）程序运行时网络不传递整个虚拟场景数据，而传递虚拟场景中各物体的位置、姿态数据和相互关系等数据，各学员客户机接收这些数据，并在本地计算机更新场景。这样既保证了各学员虚拟场景的一致，同时又大大减少了网络传输带宽，保证了数据交互的实时性。

（2）动作同步。

现阶段，虚拟现实协同交互的研究重点在于实时同步方式。目前用于虚拟现实领域的主流实时同步方式主要有以下两种：

1）帧间同步法。

帧间同步法的核心是保证所有客户端每帧的输入都一样。帧锁定算法多用在 C/S 模型中（或者一人做主多人做从的 P2P 里），它和 LockStep（多用于 P2P）共同存在的问题就是"网速慢的用户会卡到网速快的用户"，为此出现了帧锁定的改良版本"乐观帧锁定"。

具体实施时可以有很多变通。比如不一定是有变化的时候才通知服务端，也可以按每秒 20 次的频率向服务端直接发送数据，服务端再每秒 40 次更新回所有客户端。

也有使用 UDP 的应用，客户端每秒钟上传 50 次键盘信息到服务端，后面持续发送过来的键盘数据会覆盖前面的数据，更加高效便捷。

而近两年国外在该领域也涌现出其他一些新的改良方法，比如 Time Warp，以客户端先行 + 逻辑不一致时回滚的方式，带来了更好的同步效果，也称为时间回退法。它要求开发时每帧状态都可以保存，确保逻辑上可靠性。

近年来，云应用（远程渲染）技术已得到广泛应用，客户端上传操作，服务端远程渲染，并以低延迟视频编码流的方式传回给客户端，用的就是这样类似的技术。

目前，国内的网络环境要低延迟传送 HD 画质的视频流还比较困难，视频都是比较占用带宽的。但是帧锁定等保证每帧输入一致的算法，在当今的网络质量下传递一下用户操作，还是没有任何问题的。

2）状态同步法。

对于逻辑不需要精确到帧的应用类型而言，允许每个客户端屏幕上显示的内容不同，只要将他们统一到一个逻辑中即可，这就是状态同步法。示意图如图 4-10 所示。

3D 应用中的移动很简单，只需要"谁在哪里，朝着哪里移动"，客户端再做一些简单的平滑处理即可，不需要额外的"时间"参数。比如在某个 3D 应用中移动时，就是差不多每秒发送一次（坐标，朝向，速度），别的客户端收到以后就会矫正一下。

比同类应用要求更高的同步应用中，每秒发包量也会多很多（10 ～ 30 个），多半采用位置预测及坐标差值的"导航推测算法（DR）"。

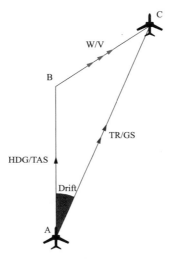

**图 4-10　状态同步法示意图**

这类算法由于位置判定更为精确，所以计算量大，很多没法由服务端判断，而是由客户端直接判断。由于计算更为复杂，每秒同步发包差不多到 30 个以上，这样的模式下，同步操作的人数也不可能很多，一般 16 人左右，而且很多采用 P2P 的方式运行。

状态同步其实是一种乐观的同步方法，认为大家屏幕上的东西不同没关系，只要每次操作的结果相同即可，不需要像"帧间同步"那样保证每帧都一样，因此，对网速的要求也没有"帧间同步"系列算法那么苛刻，一般 100 ～ 200ms 都是能够接受的，偶尔网络抖一下，出现 1 秒的延迟，也能掩盖过去。然而比起"帧间同步"，状态同步方式对玩法有不少要求，诸如"一次性""决定性"的事件要少很多，而且代码编写会复杂一些，不过由于能容忍更坏的网络情况，在一些行为模式确定的应用中被广泛使用。而状态同步又分为"DR 同步"和"非 DR 同步"，前者针对更激烈的应用，后者则针对普通应用。他们对网速的要求和错误的容忍度也是不一样，当然，带来的即时感体验也是不同的。

总的来说，如果希望应用体验更爽快，即时感更强，那么每秒的发包数就越多，支持的人数越少；而如果追求对网络的容忍，想降低发包数，并且增加同时体验的人数，那么相应地就需要以降低即时感为代价，二者不可兼得。

综上，由于状态同步法在操作的精确性、操作结果、网速要求等关键指标的同步方面，都要优于帧间同步法，更加适用于 HTC VIVE 系统环境下的协同交互。因此选择状态同步法作为虚拟现实协同交互的主要研究手段。以当前建设中的江苏电力网络化虚拟现实平台的一个双人协同交互场景为例，详细阐述状态同步法的具体实现流程如图 4-11 所示。

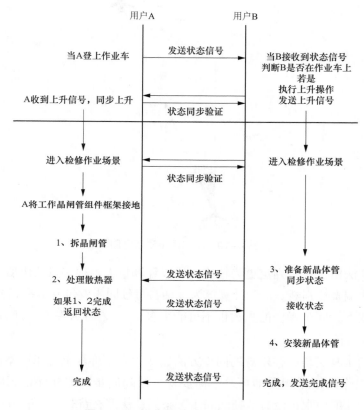

图 4-11  状态同步法实现流程示意图

## 4.4.3  用户交互协同技术

在一般的应用系统中，对于用户来说系统是透明的，也就是说用户不能感觉到彼此的存在。而在协同系统中，多个参与方在协同过程中要能感知到系统中其他参与者的存在、状态和行为，及时了解协同工作的最新动态，从而跨越空间和距离的限制，好像多个协同参与方在一起工作一样。

（1）用户替身模型构建。

为了提高系统对人的了解，对人人交互中协同感知的支持来提高交互的效率，必须了解用户行为的各个方面的特性。从行为到初级感知，建立相应的用户替身模型，从而建立相应应用领域的用户替身模型。

通过客户端建立虚拟场景，为当前用户建立一个本地替身，用户可以操纵替身的移动和旋转，并将替身的位置改变消息发送给服务器；为当前连接到服务器的其他用户创建分布替身，接收分布替身的运动信息的更新；提供和其他用户文本通信的功能。

替身之间的交互通过行为机制来实现，实现的基本方法是：首先，为替身设定一套容易被人辨识的动作（如用户间的打招呼问候、挥手告别、拿起电话进行协商等），这些动作通过对动作节点设置不同的位置插补器 (Position Interpolator)、朝向插补器 (Orientation Interpolator) 和一个共同的时间传感器 (Time Sensor) 来实现；其次，当用户之间有交互请求时，启动行为机制，通过 EAI 调用 Java Applet 分别控制用户来实现替身之间的交互行为。用户替身模型示意图如图 4-12 所示。

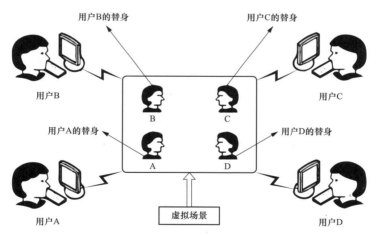

图 4-12　用户替身模型示意图

用户替身模型的生成有以下几种方法：

1）系统设定。系统根据网络协同环境这一特定领域，设置一个支持协同感知的缺省用户替身模型，任何协同者在第一次进入系统时，可不用进行任何选择操作，直接采用缺省用户替身模型进入系统。

2）协同者设定。协同者在第一次进入系统时，可以不采用系统设定的缺省用户替身模型，而是根据自身的具体情况选择相应的参数，设定适合自己的用户替身模型进入系统。

3）自适应推理。当协同者第一次进入系统后，随着协同者与系统的不断交互，系统根据自适应机制推理不同协同用户的习惯、兴趣和偏爱，并根据与应用系统的交互，形成用户所需的、反映用户个性的、支持协同感知的系统功能和界面显示，同时存储用户的习惯、兴趣、用户选定的功能和界面模式，经过推理和反复修改，逐步形成适合协同者协同特征的用户替身模型。

4）协同者手动修改。当协同者在使用自适应人人交互界面时，可以根据自己的需要手动对界面参数和交互方式等进行修改，使交互界面逐步完善，更符合自身交互的喜好，以便有效地支持协同感知的交互活动。

支持协同交互的用户替身模型的生成方法有以下两种。

1）进入系统时用户替身模型生成流程如图 4-13 所示。

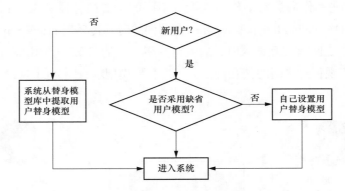

图 4-13　进入系统时用户替身模型生成流程图

2）协同者与系统交互时用户替身模型生成流程如图 4-14 所示。

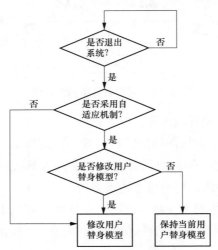

图 4-14　协同者与系统交互时用户替身模型生成流程图

（2）协同信息感知策略。

协同感知策略的实现是基于感知模型和用户替身模型的，多用户共享虚拟环境中用户之间的感知是指多用户共享虚拟场景中共享对象对所处场景信息的认知能力。这些信息包括共享对象信息的更新、文本、语音或视频信息、通信以及其他用户的相关信息。多用户之间的感知主要是通过应用合理的感知策略来定义用户的交互范围实现用户之间的协同，适当的感知管理机制也是减少网络信息交互量、增加系统扩展性的有效途径。通过定义不同的感知范围和不同的感知力度，可以实现用户之间不同程度的交互。

感知策略是实现感知管理的前提，应用系统应根据不同的应用需求制定不同的感知策略。实际考虑到基于多用户共享虚拟环境所采用的建模语言以及相应的场景划分原则，在实现多用户共享虚拟场景的感知过程中，采用以下一些感知策略：

1）场景分割法与用户空间感知相结合的双重感知策略。在系统的实现中，不仅要根据需求对构建的虚拟场景不同的文件进行空间分割，而且要针对不同的用户或共享对象建立它们的感知焦点和映射区域。

2）多通道感知协调控制机制。针对提出的基于用户感知能力的扩展感知空间交互模型，在感知实现过程中采用不同的通道对不同的感知交互行为进行协调控制，增加系统的灵活性和可扩展性。

3）多模式用户控制感知策略。在感知过程中提供多种用户或共享对象控制其感知模型的方法。首先，用户可通过其在虚拟场景中位置、方向的改变来实时控制其相应的感知焦点和映射区域；其次，通过设置感知焦点和映射区域的参数使用户可以直接修改相关特征参数，并实时调入感知模型；最后，用户感知模型可根据场景中特定空间区域调用各自的感知模型。

（3）感知信息交互策略。

当前的多用户共享虚拟环境都采用了基于对象的设计方式，虚拟环境被看作对象的集合。对象分为静态对象和动态对象，静态对象是在程序运行期间状态不变的对象，如实验桌；动态对象是状态可能改变的对象，如虚拟人。用户通过网络在虚拟环境中协同工作，这使得虚拟环境成为一个动态变化的虚拟世界。多用户协同交互需要处理的一个重要问题就是如何把系统中的动态对象的更新消息分发给关心这些对象的网络用户，对于支持多用户的虚拟环境应用，这个问题显得尤为重要。下面讨论当前的一些网络模型结构和对应的信息交互方法。

1）集中式网络模型。

集中式网络模型即客户服务器模型。在这种模型中，服务器负责保存虚拟环境的所有对象，收集所有用户的更新消息并且在进行相应的处理后把对象的更新信息发送给用户。由于服务器保存了所有的动态对象，且用户的所有更新消息都来自服务器，这种模型自然地保证了数据的一致性，并且它可以方便地进行消息过滤处理，从而有效地减少了更新消息的分发量，如图 4-15 所示。

图 4-15　集中式网络模型

2）分布式网络模型。

在分布式网络模型中，每个用户都保存了虚拟环境的一个完整备份，它和所有其他用户直接通信，如果自己的状态发生了改变，它负责向所有其他用户发送更新消息，从而维护整个虚拟环境在各个用户端的数据一致性。对于一个运行在单播（Unicast）网络上的 N 个用户的虚拟环境，如果每个用户的状态更新一次，网络需要分发 N×（M-1）条更新信息。单播网络上的分布式网络模型见图 4-16 所示。

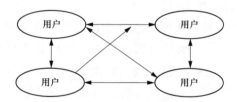

图 4-16　分布式网络模型

多数系统采用了消息过滤的方法来减少需要发送的消息数量。通常的做法是把虚拟环境分成小的单元，如小的六边形，每个用户保存各个单元中对象的链表，当一个对象更新时，更新这个对象的用户计算出可以看见这个对象更新的其他用户集合，然后把更新消息仅仅发送给这个集合中的用户。通常情况下，可以看见对象更新的用户是全部网络用户的一个小的子集。不过，只把数据发送给一个子集破坏了虚拟环境中数据的一致性。为了弥补这种数据一致性被破坏的影响，当用户每次从一个单元移动到另一个单元时他需要将自己的所有更新信息发送到其他所有的用户。显然，通过消息过滤可以减少需要发送的消息量，但是需要发送的更新消息还是比较多的。

对于支持多播（Multicast）的网络，使用分布式网络模型的虚拟环境通常把虚拟环境的单元和多播地址联系起来,用户每到达一个单元就加入相应的多播组。这样,用户每次更新对象时,只需要把更新消息发送给所在单元的多播组,组内的用户也就能感觉到了对象的更新。这样,每个用户就不需要维护各个单元的对象链表,避免了一些计算,同时,系统需要发送的更新消息也大大减少。如果有 N 个对象更新,系统需要发送的消息量是 O(N)。多播网络上的分布网络模型如图 4-17 所示。

**图 4-17  多播网络上的分布网络模型**

分布式网络模型具有比较好的实时性,它的更新消息不需要通过服务器的中转。由于没有服务器,每个用户处理自己的计算,集中式网络模型中的服务器处理能力的瓶颈也就不存在。对于支持多播的网络,分布式结构的可扩展性是比较好的。

3)混合网络模型。

混合网络模型使用消息服务器管理用户之间的通信。对于每个需要更新的对象,用户把更新消息发送给服务器,服务器根据更新对象所属的单元,把更新消息发送给相应的服务器和用户。这种网络模型的主要优点是把用户之间消息传递的负担转移成服务器与服务器、服务器与用户之间的消息传递。用户把自己的更新消息发送给服务器,从服务器获取其他对象的更新信息,用户不需要自己负责把更新信息传递给其他用户。相对于分布式模型,混合网络模型对用户的处理和存储能力要求相对较低。这个模型对用户的处理能力、存储、网络带宽的需求是由虚拟环境中的动态对象的密度决定的,不受对象总数的限制,所以它有比较好的可扩展性,如图 4-18 所示。

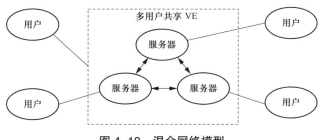

**图 4-18  混合网络模型**

混合模型结合了集中式与分布式网络模型的优点，它在用户和服务器之间使用 C/S 结构，对客户的资源要求比较低，在服务器之间使用分布式结构，它把分布结构局限在服务器之间，这样可以比较好的实现数据的一致性。同时，由于使用了多个服务器，很大程度上克服了集中式模型单个服务器处理能力不足的瓶颈。

基于上述模型的特性，结合电力网络现状及实际需求，采用混合网络模型进行开发建设，以获得最大成效。

### 4.4.4　作业流程控制技术

（1）总体思路。

作业流程控制是实现多用户之间共享的关键，而并发控制是其中的主要问题，其目的是为了解决多用户共享虚拟空间可能产生的访问冲突。基于网络的多用户共享虚拟场景的并发控制与传统分布式系统的并发控制有本质的区别，传统分布式系统力图使每个用户认为自己是整个系统的唯一用户，而多用户共享虚拟场景中用户之间能够感知到彼此的活动并进行相关的交互是其要达到的主要目标。因此，维护共享虚拟场景中的一致性，除了需要考虑传统并发控制的问题之外，还要考虑人机交互以及用户的相关特征。

并发控制在涉及共享信息资源如数据库和文件系统等的分布式系统中是非常普遍的，在这些系统中并发控制是对多用户访问文件系统和数据库等的一种协调活动，使每个用户都感到好像只有自己单独使用这个系统。因此，传统的大多数据并发控制算法都是为非交互式计算机系统设计的，这种设计假设计算机用户能忍受在最坏情况下带来的延迟或者接收因个别地方不一致而导致的恢复操作。

设计协同交互中的并发控制机制应考虑以下几个问题：

1）用户响应时间。用户的操作结果反映到本地和远程界面上所需的时间。具体来讲，用户响应时间可分为本地响应时间和通告时间。本地响应时间是用户的操作结果反映到本地界面所需的时间，通告时间指所有其他参与协同工作的用户响应该用户的操作而改变共享对象，并在不同的客户端表现所需要的时间。用户响应时间是衡量多用户共享虚拟环境并发控制机制性能的重要指标，多用户共享虚拟环境中的并发控制机制应该能够确保用户操作有较短的本地响应时间和通告时间。

2）系统结构模式。多用户共享虚拟环境中，依据共享对象数据存储方式的不同，可以将多用户共享虚拟环境系统分为集中结构和复制结构两大类。集中结构是由服务器上的管理进程负责应用的交互语义，维持整个系统的一致性，各个用户进程只负责发送请求到服务器，并接收从服务器传送来的输出信息。复制结构在所有客户端都维持应用程序的相同拷贝，每个应用程序在本地处理输入，更改相关数据并将结果广播给其他客户端。针对不同的系统结构，在并发控制机制的设计上将采用不同的方案。

3）鲁棒性。多用户共享虚拟环境通过网络将不同地理位置上的用户以松耦合的方式互联在一起，网络中某个节点的失效，通信链路的中断及共享场景中用户的动态加入都会导致系统的重构，并发控制机制的设计必须能够适应这种重构，具备从非预期行为中恢复的能力。

（2）并发控制算法设计。

由于协同虚拟场景的复杂性和实时性，协同者与服务器之间的一个简单交互都有可能导致虚拟世界复杂的连锁反应。因此，如何及时有效地管理并发操作非常重要。通常需要服务器端的程序控制每个协同者，存储其状态并确认客户端操作的合法性。

目前大多数系统使用简单的并发控制策略。瑞典计算机科学研究所开发的系统就是该类系统的代表，它使用了一种称为基于对象的令牌传递悲观加锁策略，每个共享对象都有一个令牌关联其并发行为，任一用户必须获得令牌之后才能对该对象进行操作，而同一时刻其他所有试图操作同一对象的用户均处于等待令牌的状态。并发控制策略的设计准则如表 4-1 所示。

表 4-1　　　　　　　　　　CVE 中并发控制策略的设计准则

| 一致性 | 任何时刻，CVE 中所有试题的状态对于所有的用户都是相同的。这是整个设计的前提和最终目标，通常优先于其他设计准则 |
| --- | --- |
| 系统响应性 | 作为整个系统响应性能的指标，系统响应性很难定量计算。在一致性的前提下，并发控制策略应该力求实现最优的系统响应性而非个体响应性 |
| 并发性 | 多个用户可以在一个共享工作空间中以无冲突的方式同时对一个共享对象进行操作 |
| 公平性 | 通常情况下，无论并发控制机制是悲观的，还是乐观的，必须保证每一个用户都有机会对共享对象施加有效操作。一种典型的不公平现象就是"饥饿"现象，即一个用户始终处于等待状态而不能有效操作目标对象 |
| 正确性 | 正确性要求每个并发操作请求都能得到服务 |
| 稳定性 | 稳定性则要求在并发操作失败时，依然能保持一致性，并且不丢失请求 |
| 用户透明性 | 所有的操作控制，包括操作确认、操作撤销等，对于用户而言是透明的，不需要在共享对象真正改变之前要求用户显示地提出请求，比如要求用户在真正需要操作目标对象之前，先点击该对象以发出操作请求 |

表 4-2 对现阶段常用的并发控制技术进行了详细地介绍与对比。

表 4-2                                       并发控制技术

| 并发控制方法 | 定义 | 优点 | 缺点 |
|---|---|---|---|
| 加锁法 | 对共享对象进行加锁和解锁 | 设计和实现简单 | 申请和释放锁消耗时间；用户难以控制申请和释放锁的时间和数据粒度 |
| 集中控制法 | 集中控制进程管理共享对象的操作 | 实现简单 | 会引起与集中式系统相关的问题；系统响应时间延长 |
| 串行化法 | 将共享对象操作序列化，用队列来执行 | 避免了资源冲突 | 不支持多进程；系统工作量大，效率低 |
| 令牌环 | 各站点得到令牌的用户可以操作 | 传输速度高 | 空闲令牌易丢失；令牌重复 |
| 依赖检测 | 以操作的时间戳检查冲突 | 响应时间快 | 有冲突的要人工干预 |

（3）基于令牌的集中并发控制算法。

由于各用户操作的并发性和网络传输的延迟影响，如果对各用户的操作不加以控制，往往会造成各用户端上对共享对象的操作执行顺序的不一致，从而导致各用户端的共享对象的不一致，影响了协同工作的正常进行。所以，在协同服务中，需要根据体系结构的特点，设计相应的并发控制策略，来保证共享对象的数据一致性。

采用集中式控制方法和令牌控制方法相结合的方法，这种方法对参与协同的用户都规定有一个优先级，算法如下：

1）对每个共享资源分配一个令牌。

2）若某用户端的用户需要使用某共享资源，则用户首先选中该共享资源，这时自动向应用服务器发出请求申请该资源的令牌。

3）应用服务器接收用户端的申请。

4）若此时该资源已在使用，则发送拒绝的信号否则转步骤6。

5）若存在多个用户申请同一个资源，应用服务器则根据设定的优先级将该共享资源的令牌发给优先级最高的用户，并向其他用户发送拒绝的信号若不存在竞争情况，就把该共享资源的令牌发给该申请者。

6）若用户得到一个共享资源的令牌，则获得对该共享资源的操作权，若收到拒绝信号，则不具有对该共享资源的操作权。

7）任何时刻只有一个用户拥有某共享资源的令牌，他对该共享资源的操作通过应用服务器广播到其他用户，并标识该资源已被占用。

8）在每个客户端，根据本地用户的操作和来自他人的操作来改变共享空间在本地的副本。

9）当用户使用完毕该共享资源后，就应向应用服务器报告已释放对该共享资源的令牌。

基于令牌的集中并发控制算法流程如图 4-19 所示。

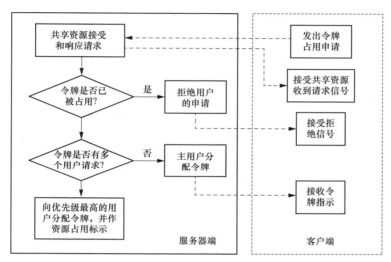

图 4-19　基于令牌的集中并发控制算法流程图

采用这种方法保证了在同一个时刻只有一个用户拥有发言权，可以对设计结果进行更改，同时，这种更改通过互操作机制传输给其他用户，保证用户在协同过程中对共享数据操作的收敛性和因果关系的一致性，从而符合用户的意愿。

# 4.5　虚拟实训体验式交互过程设计

电力仿真培训作为电气工程领域的一个重要分支，相关技术研究应用始终得到广泛关注，但现有研究主要侧重于仿真技术支持，包括虚拟环境的构建与组织方法、实际生产业务流程还原等，而基于用户体验的交互建模设计的研究和应用滞后于当前技术发展潮流。以用户体验为根本出发点，开展电力仿真培训系统交互建模设计，实现对用户体验、仿真技术及认知规律的有机结合，具有重要研究价值和实践意义，尤其适用于当前虚拟现实技术应用，有助于取得沉浸式的良好培训效果。

基于以上背景现状，本节在沉浸式虚拟现实技术背景下，借鉴教育学和心理学的沉浸理论成果，从用户体验设计为基本出发点，对特高压变电站虚拟实训系统交互过程进行优化设计建模，使之既反映生产系统运行规律、工作环境和流程，又能体现先进教育培训理念，实现对系统交互过程的有效控制，保证特高压虚拟实训系统的真实性和有效性。本节提出的模型技术方法已应用于国网江苏省电力公司的特高压虚拟实训系统，该系统发挥的良好实际效果，验证了所提理论方法的可行性和有效性。

## 4.5.1　基于沉浸理论的学习体验模型

沉浸理论（Flow Theory）用于解释当人们完全投入情境中，集中注意力，并且过滤掉所有不相关的知觉，进入一种沉浸的状态，尤其适用于描述虚拟现实环境下的系统应用特征。应用虚拟现实技术构建特高压电力虚拟实训，需要让学习者在虚拟环境中更好保持沉浸学习状态，重点在于实现用户在挑战任务与自身能力之间的匹配，获得更好的学习体验。

应当以用户学习体验为出发点分析设计实训系统交互过程，设计构建沉浸式虚拟现实环境下的学习体验模型如图4-20所示，具体要素分为感官体验、交互体验、行为体验和情感体验四类。除了情感体验与用户主观情感有关，感官体验是指用户对虚拟现实环境的直接体验，行为体验是指用户利用系统开展某项具体功能任务的评价反应，交互体验是指用户与系统交互过程中的操作体会，三者与实训系统的三维数据信息、任务逻辑流程和感知反馈控制等关键环节直接相关，系统交互过程设计需要重点处理这些关键环节，以提供给用户良好的学习交互体验。

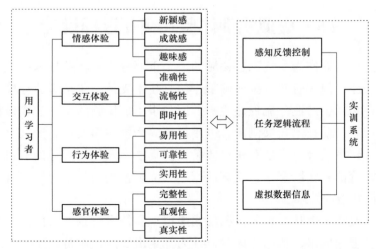

图4-20　沉浸式虚拟现实环境下的用户学习体验要素模型

## 4.5.2 体验式实训交互过程总体逻辑设计

沉浸式虚拟实训系统本质是一个三维数据信息环境,从用户体验出发将实训交互过程概括为:用户学习者作为核心角色,对虚拟环境进行感知判断,获得逼近真实的感官体验;能够开展实际活动交互,并从虚拟系统获取准确反馈,获得良好的行为体验和交互体验;同时,系统应该能根据交互过程情况动态调整实训,让用户学习者实现挑战任务与自身能力之间匹配,最终进入沉浸状态,获得最佳学习效果。

基于以上过程分析,将虚拟现实环境下的特高压实训过程设计为三个层级,分别为数据支撑层、任务驱动层、过程控制层,具体如图 4-21 所示。

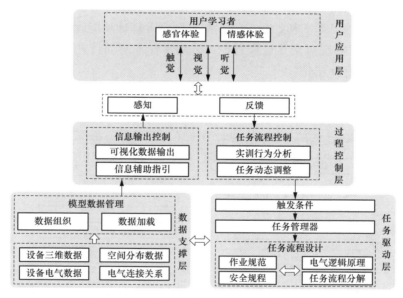

**图 4-21 体验式交互过程的总体逻辑流程图**

1)数据支撑层是系统交互过程的核心基础,需要实现对各类虚拟现实数据实现有效组织管理,提供更具有真实性和完整性的虚拟现实环境。由于特高压电力系统结构复杂、设备元件众多,虚拟实训场景构建需要处理大量模型数据。在数据支撑层,实现对各类数据的有效组织,为用户快速准确加载场景,是影响用户体验的关键问题。

2)任务驱动层提供系统交互过程的逻辑流程,其本质是一个流程逻辑控制问题,需要在电力作业流程规范和电力安全规程约束下,把各项电力实训作业步骤和相应电气设备状态变化,通过一系列操作逻辑函数进行描述。虚拟现实环境下，任务驱动层要改变传统实训仿真系统对流程的固化简单重现，实现任务结构动态调整，帮助用户更好处于沉浸状态。

3）过程控制层实现系统交互过程的友好控制，要对学习者的肢体动作、语言、视角等信息进行捕获及分析，并将通过信息输出控制结果映射到虚拟场景中，实现用户与虚拟场景进行互动；同时，还应能通过感知反馈信息和实训逻辑流程，主动分析学习者实训状态，并进行任务动态调整和信息辅助指引。

### 4.5.3 体验式交互过程建模及实现

（1）总体模型。

根据前文提出的总体逻辑流程，建立特高压电力实训系统交互过程模型如图 4-22 所示，除了系统初始化、流程结束判断等基础功能管理模块，主要通过三部分关键模块实现对交互过程管控，分别为任务驱动管理模块、模型数据管理模块和交互过程控制模块。

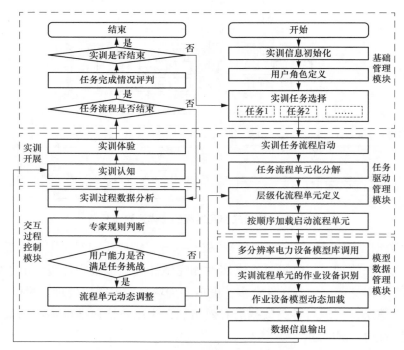

**图 4-22　虚拟实训系统的体验式交互过程模型图**

系统启动后，首先对各类数据信息进行初始化，并根据用户输入信息进行角色定义，选择新进人员、班组成员、工作负责人等三种角色，同时可选择中级工、高级工、技师、高级技师等不同专业技能水平；用户可进行实训任务选择，从特高压实训系统包含的日常巡视、带电检测、设备检修等多个任务功能模块中结合自身需求进行选择。

在任务驱动管理模块，系统根据用户角色定义初始化相适应难度等级的实训任务，并对实训任务进行流程分解，形成相互独立的实训流程单元；流程单元加载后，系统通过模型数据管理模块，调用特高压电力设备模型库，动态加载相应场景模型资源；数据信息输出给用户后，用户在虚拟现实环境中逐步完成各个实训流程单元；同时系统通过交互过程数据分析，判断用户能力水平是否匹配当前任务难度，若不匹配，则动态调整流程单元，避免降低用户学习体验；按此流程，系统启动后续流程单元，直到实训任务全部完成。

（2）任务驱动管理模块实现方法。

电力实际作业具有严格的流程规范要求，因此可以将各特高压实训任务分解为若干个独立且不可中断的流程单元，每个流程单元代表针对某一电力设备完成的一项实训步骤，是实训操作流程描述的最小单元。流程单元 $F$ 需要定义实训操作的信息描述，包括所有设备状态信息和操作响应关系，它的数据模型可以用有限状态机控制原理来表示，如下式：

$$F = (M, Q, \Sigma, R, f_\Sigma, \eta) \tag{4-1}$$

其中：$M$ 表示当前流程单元的设备目标集合，模型数据管理需要根据实训作业对象将不同电力设备进行划分；$Q$ 表示电力虚拟设备元件的状态集合；$\Sigma$ 表示输入控制变量，由用户操作引发的所有动作事件作为有限状态机的输入变量；$R$ 表示实训约束集合，由电力设备安全规定、设备电气特性等约束构成；$f_\Sigma$ 标识实训动作函数，描述了当前输入下，据约束条件满足情况执行动作后，系统状态变化情况；$\eta$ 表示实训任务难度层级标识变量，用于指示任务流程的动态调整，难度层级越简单，系统的动作函数 $f_\Sigma$ 更为简单，作业过程更简单，并会给予更多提示指引。

实训流程单元的执行过程是，让用户动作事件产生状态机输入控制变量，将当前设备状态与系统状态集和约束条件进行匹配，并依据动作函数完成虚拟设备的状态转变，模拟虚拟设备的实训操作动作过程，保证仿真动作逻辑的完整性。不同实训单元执行中，系统通过分析用户实训过程数据，动态调整不同流程单元的难度层级标识变量 $\eta$，实现实训过程优化，提升用户体验。

（3）模型数据管理模块实现方法。

1）多分辨率分层处理特高压电力设备模型。

首先，利用多分辨率金字塔模型对每个电力设备元件建立多层级三维数据模型：关键特征数据层模型 $M_{top}$、全面信息数据层模型 $M_{mid}$、精细完善数据层模型 $M_{bot}$，从 $M_{bot}$ 到 $M_{top}$，该电力设备的三维模型精细度越来越低，数据量也越来越小：①关键特征数据层模型 $M_1$，包含各元件设备结构的外观关键信息，实现设备的总体可视化呈现；②全面信息数据层模型 $M_2$，包含各元件设备结构的全面信息，呈现设备的完整结构；③精细完善数据层模型 $M_3$，包含各元件设备结构的精细信息，呈现设备的细致结构。

虚拟现实三维模型的精细度和数据量主要由它的网格面数决定，得到精细完善数据层模型 $M_3$，它在 X、Y、Z 方向上的网格面数为 $N_x$、$N_y$、$N_z$，整个三维模型有 $N_x \times N_y \times N_z$ 个网格面数。在模型 $M_2$ 基础上进行面数缩减，X、Y、Z 方向上的每 2 个相邻网格合并为 1 个，得到全面信息数据层模型 $M_2$ 的网格数量是 $N_x/2 \times N_y/2 \times N_z/2$；同时，在模型 $M_1$ 的基础上进一步缩减面数，得到精细完善数据层模型 $M_1$ 的网格数量是 $N_x/4 \times N_y/4 \times N_z/4$。

2）模型数据动态加载策略。

设定第 $i$ 个流程单元对应的虚拟现实场景需要调用的三维电力设备模型集合为 $M_i$，该电力设备模型集合可以划分为三个部分：$M_i = M_1^i \cup M_2^i \cup M_3^i$。其中，$M_3^i$ 代表当前实训流程单元的主要操作电力设备对象，这类设备数量不多，但需要加载精细完善数据层模型；$M_2^i$ 是与 $M_3^i$ 相近的场景内主要电力设备，需要加载全面信息数据层模型；$M_1^i$ 是虚拟场景内的其他各个电力设备，需要加载关键特征数据模型，每个设备的模型数据量最小。实训任务的模型数据分解示意图如图 4-23 所示。

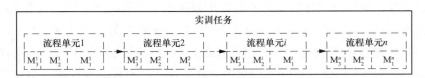

图 4-23　实训任务的模型数据分解示意图

结合电力实训任务的流程单元，制定特高压电力设备的三维模型数据动态加载策略如下：

①加载实训任务虚拟场景下所有电力设备的关键特征数据层模型；

②开始实训任务的第 1 个流程单元，确定该单元的电力设备集合 $M_1^1$、$M_2^1$ 和 $M_3^1$，加载电力设备集合 $M_3^1$ 的精细完善数据层模型，加载电力设备集合 $M_2^1$ 的全面信息数据层模型；

③$i=1$；

④开始实训任务的第 $i+1$ 个流程单元，确定该单元的电力设备集合 $M_1^{i+1}$、$M_2^{i+1}$ 和 $M_3^{i+1}$，比较 $M_1^{i+1}$、$M_2^{i+1}$、$M_3^{i+1}$ 和 $M_1^i$、$M_2^i$、$M_3^i$ 的差别，仅针对两者之间存

在差异的电力设备，动态调整加载不同层级的三维数据模型；

⑤ $i=i+1$；

⑥重复步骤④和步骤⑤，直至完成所有流程单元。

在进行特高压虚拟实训时，由于特高压虚拟场景设备众多，$M_3^i$ 和 $M_2^i$ 在所有电力设备中所占比例并不高，所以利用提出的动态加载办法，能用最少的三维模型数据科学呈现特高压虚拟场景，避免特高压虚拟场景数据量过大，减少了数据的载入量和处理时间。

（4）交互过程控制模块实现方法。

交互过程控制模块针对系统采集的交互数据进行分析，并基于专家规则判断并调整流程单元的难度层级标识变量 $\eta$，具体实现方法原理如图4-24所示。

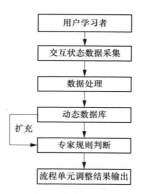

**图4-24  交互控制模块技术原理图**

1）交互状态数据采集。通过硬件感知反馈系统捕捉用户行为操作数据，在第 $i$ 个流程单元实训过程中，主要采集分析得到的状态数据有：①完成总耗时 $T_a^i$；②单一操作重复次数 $[N_1^i, N_2^i, \cdots, N_n^i]$（假定第 $i$ 个流程单元有 $n$ 项操作）；③用户响应间隔时间序列 $[TK_i^1, TK_i^2, \cdots, TK_i^k]$。三部分数据能够表征用户完成实训过程的顺畅程度，总耗时越短、单一操作重复次数越少、响应时间间隔越短，说明用户能更好进入沉浸状态，并顺利完成实训任务，否则，可能存在困难。

2）状态数据处理。首先，针对数据序列的最大值、平均值、方差值等特征数据进行计算；同时，由于对实训交互过程的影响因素也非常多，每个特征参数对实训交互状态的表征存在不确定性。为此采用模糊隶属度函数，将用户交互过程中不确定的、模糊的状态数据进行量化：

a）A型隶属度函数适用于完成总耗时、单一重复操作次数特征值（最大值、平均值）和用户响应间隔时间平均值等特征指标，用0到1的目标值定量表征交互过程完成的难易程度，值越小说明实训任务越简单；反之，说明实训任务难度大，交互过程不流畅。表达式如下：

$$u_a(x) = \begin{cases} 0 & (x \leqslant x_1) \\ \dfrac{x-x_1}{x_2-x_1} & (x_1 \leqslant x \leqslant x_2) \\ 1 & (x \geqslant x_2) \end{cases} \tag{4-2}$$

b）B 型隶属度函数适用于单一重复操作次数波动值、用户响应间隔时间波动值和最大值等特征指标，用 0 到 1 的目标值定量表征用户实训交互过程的意外干扰情况，值越小，说明交互过程受到干扰中断；值越大，说明交互过程顺利。表达式如下：

$$u_b(x) = \begin{cases} 1 & (x \leqslant x_1) \\ \dfrac{x_2-x}{x_2-x_1} & (x_1 \leqslant x \leqslant x_2) \\ 0 & (x \geqslant x_2) \end{cases} \tag{4-3}$$

3）动态数据库。数据库用于存放与交互状态相对应的数据瞬时值，随着用户交互状态的变化而不断更新；同时，还记录存储历史数据，得到状态数据的平均值，进而用于扩充专家系统的知识规则库，提升系统判断能力。

4）专家系统规则。基于第 $i$ 个流程单元采集处理后的状态数据进行推理判断，调整第 $i+1$ 个流程单元流程单元的难度层级标识变量 $\eta$，用来根据动态调整实训流程单元，专家系统规则如下：

$$\eta_{i+1} = \begin{cases} \eta_i + 1 & (u_a \leqslant \alpha_d) \bigcap (u_b \geqslant \beta) \\ \eta_i - 1 & (u_a \geqslant \alpha_u) \bigcap (u_b \geqslant \beta) \\ \eta_i & \text{其他} \end{cases} \tag{4-4}$$

只要系统不被意外干扰（$u_b$ 值超过规定阈值 $\beta$），当交互过程难度小（$u_a$ 值小于规定阈值 $\alpha_d$），系统降低难度层级标识变量 $\eta$，降低实训任务难度，给出更多信息指引；当交互过程难度大（$u_a$ 值大于规定阈值 $\alpha_u$），则提高难度层级标识变量 $\eta$，系统增加操作难度。阈值根据在专家经验设定基础上，根据动态数据库的历史交互数据平均值调整，提升阈值设定的准确性。

通过上述流程方法，交互过程控制模块根据交互过程动态调整流程单元的难度层级，实现挑战任务与用户之间更好匹配，提供给用户更好学习体验。

# 第 5 章

# 电力虚拟现实培训场景应用与实践

## 5.1 变电站虚拟场景资源快速构建方法

### 5.1.1 总体流程框架

变电站虚拟场景资源快速构建方法总体流程框架如图 5-1 所示，具体方法流程步骤说明如下：

（1）首先建立适用于变电站场景的电力设备虚拟现实模型组件库设计策略，针对具有重复性的众多电力设备，构建一个电力设备三维模型的标准组件库，对其中具有相同结构的设备单体进行有效组织管理，为后续变电站场景构建过程中的准确调用和快速组装提供基础组件。

（2）其次利用基于构建形成的电力设备组件库，利用现有成熟系统扫描得到的点云数据提取电力设备特征数据，并与标准组件库模型进行匹配识别，通过组件直接调用方式，能快速得到与真实变电站一致的电力设备模型；如果是无法通过匹配的新设备，则对组件库最优匹配模型进行人工比对修改，并将修改后的模型，按照组件库模型定义格式添加进入组件库，不断提升组件库的模型覆盖面。

（3）最后，在快速得到变电站电力设备三维模型组件的基础上，由于变电站设备都是按照标准规范建造，具有通用的标准规则，基于二维平面图提供丰富的数据信息来源，依据按照电气连接关系和空间布局，通过组件调用的方式，对各个电气设备按照一定规则进行组合，最终能够快速构建输出完整变电站场景。

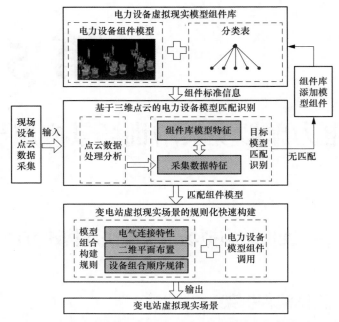

图 5-1　变电站虚拟场景资源快速构建方法总体流程框架

## 5.1.2　电力设备虚拟现实模型组件库构建

（1）组件库标准化组成定义。

组件库的基本组成单位是电力设备单体，考虑目前主流三维模型文件具有众多格式，需要对各种类型电力设备，定义一套具有兼容性的标准化三维模型组件格式，从而使得变电站场景构建过程可以快速读取应用组件库文件。

电力设备单体组件的三维模型具体定义方法如下式所示：

$$E=(Model, f_{\Sigma}, R, tag, \beta) \tag{5-1}$$

其中，*Model* 代表设备组件的三维模型文件，存储三维模型的几何实体数据；$f\Sigma$ 代表设备组件的属性集合，包括设备类型、电压等级、设备厂家名称、设备型号等基本信息；*R* 代表设备组件附加信息文件，用于指明三维模型的附加信息，如文件格式、源路径、建模坐标轴信息等；*tag* 表示设备组件的电气标识符，采用已有的标准统一定义，便于变电站场景构建过程中匹配电气连接关系；$\beta$ 表示设备组件的特征数据，用于变电站场景构建过程中对电力设备组件的快速匹配调用。

按照上述定义方法，可对不同类型电力设备组件虚拟现实模型，采用不同的文件描述记录组件的重要信息，用于后续变电站场景构建。同时，组件库可以持续扩充增加组件，按照标准定义格式补充新增电力设备组件；随着变电站场景建模不断进行，可保证组件库对各类典型电力设备组件的更全面覆盖。

（2）组件库分类表设计。

组件库需要设计分类表来指明库中模型文件的分类情况，给出组件库中模型在概念上的组织关系，即指明哪些模型是一类的，模型库中都含有哪些类别的模型，从而大大提高变电站场景构建对组件的调用效率和准确性。

本方法根据现有变电站设备类型的划分方式，将整个电力设备模型组件库细分为 6 类子库，包括线圈类一次设备库、开关类一次设备库、线路一次设备库、四小器一次设备库、二次设备库、辅助设施库，各子库的具体内容如图 5-2 所示。

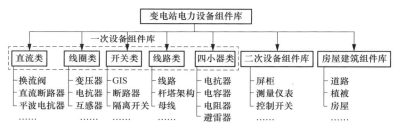

图 5-2　各子库具体内容示意图

组件库分类表，在变电站设备模型组件库中，利用 3ds max 等三位开发软件，参考影像数据以及设备的相关设计标准，建立设备单体设备三维模型，并按照组件库分类表设计方法，可以将建立好的模型组织起来，建成一个可以使用的模型组件库。

## 5.1.3　基于三维点云的电力设备模型匹配识别

利用现有成熟的激光扫描系统，可以快速得到变电站内设备的点云数据，能反映出电力设备的三维结构特征，但距离形成逼近真实的准确三维设备模型仍然具有很大差距，仅仅依靠点云数据建立电力设备虚拟现实模型具有很大工作量。本方法利用基于构建形成的电力设备组件库，利用扫描得到的点云数据提取设备特征数据，并与标准组件进行匹配识别，通过组件直接调用方式，能快速得到与真实变电站一致的电力设备模型，大大提高变电站场景构建过程中的三维建模效率。基于三维点云的电力设备模型匹配识别方法过程如图 5-3 所示。

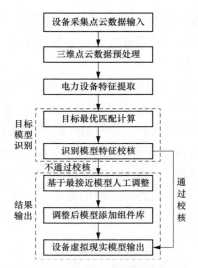

图 5-3　基于三维点云的电力设备模型匹配识别方法流程图

（1）三维点云数据预处理。

利用扫描设备采集得到的电力设备点云数据是空间上离散的点集合，因此在提取设备特征及目标识别之前，需要对三维点云进行一定的数据预处理，主要目的是为了精简数据，在排除噪声干扰数据的同时，获得较为完整和合适的数据，用于后续的特征提取和分类识别。

本方法基于空间距离进行点云数据精简，具体数据预处理方法流程如下：

1）首先为点云数据集合建立一个长方体，能够包围所有点云数据，并采用八叉树技术将该长方体划分为八个大小相同的长方体，再把每个小长方体划分成八个，照此进行递归八等分。假定点云数据集合最大长方体在 X、Y、Z 轴上的边长分别为 $l_x^{\max}$、$l_y^{\max}$、$l_z^{\max}$，设定最终剖分的层数为 $n$，则最小长方体边长为：$l_x^0 = l_x^{\max}/2^n$、$l_y^0 = l_y^{\max}/2^n$、$l_z^0 = l_z^{\max}/2^n$。

2）计算得到每个小长方体的中心坐标，并依此计算该小立方体内所有点云数据点到中心点的距离，保留距离中心点最近的数据点，其他点数据删除，最终得到精简后点云数据集合为 $D = [d_1, d_2, \cdots, d_k](k = 8^n)$。

（2）电力设备特征提取。

点云数据分布代表电力设备虚拟现实模型几何形状，需要从三维点云中提取出描述设备的相关数字特征，用于对电力设备模型的量化匹配和快速识别。本方法采用点云数据的法向量作为电力设备特征值，可以代表三维点云及邻域的点组成平面的法向量，可以很好点云分布情况。PCL(Point Cloud Library) 是一个大型的跨平台开源 C++ 函数库，它实现了大量与三维点云相关的通用算法，能实现对大量点云数据的法向量提取计算。

由于变电站设备点云数据量太大，法向量计算过程中的邻域求解相对比较费时间，本方法首先对变电站设备点云进行空间网格划分，将设备三维点云在空间上划分成 $5 \times 5 \times 20$ 个网格，然后用第 $m$ 个空间网格中的点云集 $D_m$ 作为该网格中点的邻域，计算该网格的法向量 $P_m$。求取该法向量特征的具体步骤如下所示。

1）基于 PCL 求取第 $m$ 个空间网格的法向量 $P_m$；

2）计算空间网格法向量 $P_m$ 水平投影，计算它与 X 轴的夹角值 $\theta_m^x$；

3）计算空间网格法向量 $P_m$ 与 Z 轴的夹角值 $\theta_m^z$；

4）计算所有空间网格法向量与 X 轴和 Z 轴的夹角，形成点云数据的最终特征矩阵 $\alpha = [\theta_1^x, \theta_2^x, \cdots, \theta_m^x; \theta_1^z, \theta_2^z, \cdots, \theta_m^z]$。

（3）多元特征融合的目标模型识别。

利用点集坐标系之间的匹配算法，将现场扫描得到的设备特征数据集合与组件库中的特征数据集合进行匹配计算，可快速输出与现场设备一致的三维设备模型。具体方法如下：

1）输入现场设备型号类别，查询匹配组件库分类表，得到匹配对象的组件模型集合。

2）采用数据匹配算法，计算扫描采集设备与匹配对象组件的匹配距离指标。扫描设备点云数据提取得到的特征矩阵为 $\alpha = \{\alpha_i, i=1, 2, \cdots, k\}$，匹配对象组件 $m_j$ 的特征值矩阵为 $\beta = \{\beta_i, i=1, 2, \cdots, n\}$，两个矩阵规模不一定相等，匹配过程就是把其中一个坐标系不断地进行旋转和平移，找到旋转矩阵 $P$ 和平移矩阵 $Q$，即 $\beta = P\alpha + Q + \varepsilon$。通过最小二乘法进行迭代计算，通过设定的拼接误差 $\varepsilon$ 不超过一定阈值，来获得最佳的变换矩阵 $P$ 和 $Q$，特征矩阵 $\alpha$ 和 $\beta$ 的距离指标为 $\Omega = \sum_{i=1}^{n} \| \beta_i - (P\alpha_i + Q) \|^2$。

3）按照步骤 2，计算待识别设备的点云特征矩阵和匹配对象组件模型集合进行注意比较计算，得到距离指标，找到距离指标最小的组件模型为匹配结果目标。

4）得到匹配目标后，还对目标组件模型的属性与现场设备采集信息进行校核比对，重点比对模型电压等级、生产厂家的属性信息。若比对无误，则直接输出得到最终设备模型；若比对有差距，则对得到匹配目标模型进行人工比对修改后输出，并将修改后的模型，按照组件库定义格式添加进入组件库。

按照上述方法流程，可以基于现场点云数据快速扫描和模型组件库，快速得到准确有效的电力设备三维模型，大大减小电力设备三维设备建模的工作量。

## 5.1.4　变电站虚拟现实场景的规则化快速构建

在快速得到变电站电力设备三维模型的基础上，还需要按照电气连接关系和空间布局，通过组件式调用连接，才能构建形成最终变电站场景。由于变电站设备都是按照标准规范建造，具有通用的标准规则，同时现有存在二维平面图，能够为变电站三维场景提供丰富的数据信息来源，包括空间布置图、电气连接图等，既有严格精确的几何图形数据，又有完备的电气特性数据。基于此，建立规则化的变电站场景构建方法，能够实现对电气设备组件快速组合和场景构建，基本上遵循"基础地形构建—电气连接识别—设备组件规则化组合—设备组件补充—细节特征补充"的步骤，具体方法流程如下。

1）地表基础构建。变电站地表是承载各种电力设备的基础，本方法首先对地表基础进行构建，按照变电站规模尺寸比例开展，同时采用"区块化"方式，按照实际变电站设备种类总体布置情况，将变电站划分为主变设备区、GIS设备区等不同设备区域，形成清晰明确的变电站分区，并对每个分区，通过组件库调用的方式，建立变电站道路、植被、房屋等基础设施模型。

2）电气连接识别。通过对变电站二维电气接线图进行识别，根据变电站内各类设备电气连接特性，首先按照电压等级将变电站设备区分（变电站内一般含多个电压等级设备），同时每个电压等级设备可主要由"主变 + 母线 + 设备连接单元"构成，其中"设备连接单元"是指按照串联关系并接在母线上的一串设备，如图5-4框图中串联设备所示。基于设备电气特性区分识别，后续可按照规则完成各电气设备的组件模型调用和组合。

3）设备组件规则化组合。按照规则，实现对变电站各类电力设备进行快速组合构建，具体规则流程方法如下：

a）针对变电站最高电压等级设备进行组合构建，并对变电站内的"设备连接单元"进行顺序编号。

b）构建主变压器设备模型，调用基于点云数据识别后的变压器组件模型，按照平面布置图尺寸比例，构建变压器设备模型。

c）构建各个"设备连接单元"的电力设备模型，首先针对该设备连接单元的电气标识符，基于组件库模型的标识符属性定义，对识别后的相应电压等级的电力设备模型进行快速匹配，并按照电力连接顺序，依次调用构建电力设备组件模型，并实现"设备连接单元"的电气连接。按照上述步骤方法和顺序编号，依次完成所有"设备连接单元"的电力设备三维模型构建。

d）调用线路类一次设备子库，完成相应电压等级的母线、线路、杆塔等一次设备三维模型调用构建。

e）按照步骤 3.3 和步骤 3.4，按照电压等级由高到低的顺序，完成各个电压等级的电力设备模型调用构建。至此，可以形成整个变电站的主要设备模型的调用组合和场景构建。

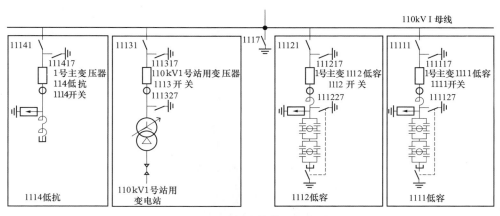

图 5-4　设备连接单元示意图

4）设备组件补充。针对其他遗漏部分电力设备，主要包括直接并联在母线上的单个设备元件（如目前接地开关、母联断路器、电压互感器等）补充建模，同样采用组件库的组件模型识别和调用方式进行。同时针对变电站二次设备，根据场景实际需要，人工调取组件库的二次设备模型，补充构建变电站二次小室的内部场景。

5）细节特征补充。针对建立完成的设备模型和场景，通过人工方式进行细节完善补充，主要包括几个方面：①编辑优化电力设备模型的大小、方向、位置等信息，使得各个电力设备模型之间能够良好匹配；②完善电气设备之间的连接拓扑关系，修正其中可能出现的连接错误；③针对不同电力设备的纹理映射真实性进行完善，人工添加影响设备真实性的细节纹理特征。

至此，基于设备模型组件库和点云扫描数据的计算分析，通过采用组件快速准确调用的方式，整个变电站的虚拟现实三维场景可以按照一定规则快速构建完成，除了通过人工进行个别细节部分修正，总体上实现自动快速构建，大大减少电力设备三维建模工作量，提升变电站虚拟现实场景构建的效率。

# 5.2 特高压电力设备实际模型范例

本节针对特高压工程应用，开展示范性典型虚拟现实设备建模，形成一套典型电力设备模型，范例如下。

（1）1000kV 交流变压器模型实例。

1）模型照片如图 5-5 所示。

图 5-5 1000kV 交流变压器模型照片

2）制作参考照片如图 5-6 所示。

（a）设备右前侧　　　　　　　　　（b）设备左前侧

图 5-6 1000kV 交流变压器模型制作参考照片（一）

（c）设备左后侧　　　　　　　　（d）设备右后侧

**图 5-6　1000kV 交流变压器模型制作参考照片（二）**

3）1000kV 交流变压器模型面数。

Tris( 三角面 )：22.2k　　Poly（四边面）：44.4K

4）1000kV 交流变压器模型贴图大小。

1024 像素 ×1024 像素（真实材质 + 手绘贴图 + 渲染烘焙）

（2）换流变压器模型实例。

1）模型照片如图 5-7 所示。

**图 5-7　换流变压器模型照片**

2）制作参考照片如图 5-8 所示。

（a）设备左前主体

（b）设备左后部

（c）设备左侧面

（d）设备左后侧

图 5-8　换流变压器模型制作参考照片

3）电压互感器模型面数：

Tris( 三角面 )：22.3k　　Poly（四边面）：44.6K

4）1000kV GIS 组合电器模型贴图大小：

1024 像素 × 1024 像素（真实材质 + 手绘贴图 + 渲染烘焙）

（3）换流阀模型实例。

1）模型照片如图 5-9 所示。

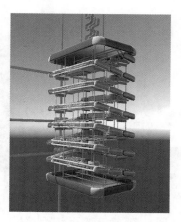

图 5-9　换流阀模型照片

2）制作参考照片如图 5-10 所示。

(a) 设备主体　　　　　　　　　　　　(b) 设备前底侧

(c) 设备右顶前侧　　　　　　　　　　(d) 设备左顶后侧

(e) 设备底部

**图 5-10　换流阀模型制作参考照片**

3）电压互感器模型面数：

Tris( 三角面 )：336k　　Poly（四边面）：772K

4）1000kV GIS 组合电器模型贴图大小：

1024 像素×1024 像素（真实材质＋手绘贴图＋渲染烘焙）

（4）1000kV GIS 组合电器（断路器＋隔离开关）模型实例。

1）模型照片如图 5-11 所示。

图 5-11　1000kV GIS 组合电器模型照片

2）制作参考照片如图 5-12 所示。

（a）正面结构

（b）左侧结构

（c）左侧机构箱

（d）左侧机构箱正面

（e）右侧（朝向机构箱位置）结构

图 5-12　1000kV GIS 组合电器模型制作参考照片

3）1000kV GIS 组合电器模型面数：

Tris( 三角面 )：11.8k　Poly（四边面）：23.6K

4）1000kV GIS 组合电器模型贴图大小：

1024 像素 × 1024 像素（真实材质 + 手绘贴图 + 渲染烘焙）

（5）1000kV 并联电抗器（高抗）模型实例。

1）模型照片如图 5-13 所示。

图 5-13　1000kV 并联电抗器模型照片

2）制作参考照片如图 5-14 所示。

(a) 设备右前侧　　　　　　　　　(b) 设备左前侧

图 5-14　1000kV 并联电抗器模型制作参考照片

3）1000kV 并联电抗器（高抗）模型面数：

Tris( 三角面 )：19.5k　Poly（四边面）：39K

4）1000kV GIS 组合电器模型贴图大小：

1024 像素 × 1024 像素（真实材质 + 手绘贴图 + 渲染烘焙）

（6）1000kV 户外高压隔离开关模型实例。

1）模型照片如图 5-15 所示。

图 5-15　1000kV 户外高压隔离开关模型照片

2）制作参考照片如图 5-16 所示。

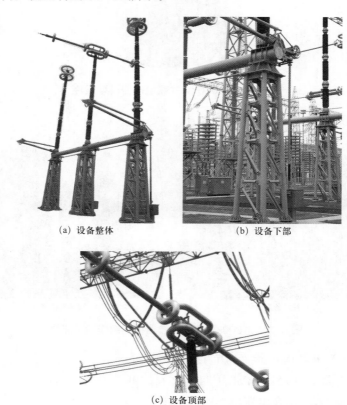

（a）设备整体　　　　　　　　　（b）设备下部

（c）设备顶部

图 5-16　1000kV 户外高压隔离开关模型制作参考照片

3）电压互感器模型面数：

Tris( 三角面 )：27.4k　　Poly（四边面）：54.8K

4）1000kV GIS 组合电器模型贴图大小：

1024 像素×1024 像素（真实材质＋手绘贴图＋渲染烘焙）

（7）1000kV 户外高压断路器模型实例。

1）模型照片如图 5-17 所示。

图 5-17　1000kV 户外高压断路器模型照片

2）制作参考照片如图 5-18 所示。

(a) 设备整体　　　　(b) 设备中部　　　　(c) 设备底部

(d) 设备顶部

图 5-18　1000kV 户外高压断路器模型制作参考照片

3）电压互感器模型面数：

Tris(三角面)：14.2k　　Poly（四边面）：28.4K

4）1000kV GIS 组合电器模型贴图大小：

1024 像素×1024 像素（真实材质＋手绘贴图＋渲染烘焙）

（8）1000kV 避雷器模型实例。

1）模型照片如图 5-19 所示。

图 5-19　1000kV 避雷器模型照片

2）制作参考照片如图 5-20 所示。

图 5-20　1000kV 避雷器模型制作参考照片

3）避雷器模型面数：

Tris( 三角面 )：9.8k　Poly（四边面）：19.6K

4）1000kV GIS 组合电器模型贴图大小：

1024 像素 × 1024 像素（真实材质 + 手绘贴图 + 渲染烘焙）

（9）1000kV 电压互感器模型数据。

1）模型照片如图 5-21 所示。

图 5-21　1000kV 电压互感器模型照片

2）制作参考照片如图 5-22 所示。

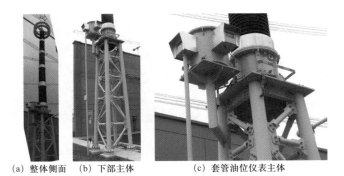

（a）整体侧面　　（b）下部主体　　　　（c）套管油位仪表主体

图 5-22　1000kV 电压互感器模型制作参考照片

3）电压互感器模型面数：

Tris( 三角面 )：8.4k　Poly（四边面）：16.8K

4）1000kV GIS 组合电器模型贴图大小：

1024 像素×1024 像素（真实材质＋手绘贴图＋渲染烘焙）

（10）110kV 电流互感器模型实例。

1）模型照片如图 5-23 所示。

图 5-23　110kV 电流互感器模型照片

2）制作参考照片如图 5-24 所示。

（a）设备正面　　（b）设备上部　　　　　（c）设备仪表

图 5-24　110kV 电流互感器模型制作参考照片

3）110kV 电流互感器模型面数：

Tris(三角面)：2.7k　　Poly（四边面）：5.4K

4）110kV 电流互感器模型贴图大小：

1024 像素×1024 像素（真实材质＋手绘贴图＋渲染烘焙）

（11）110kV 电容器模型实例。

1）模型照片如图 5-25 所示。

图 5-25　110kV 电容器模型照片

2）制作参考照片如图 5-26 所示。

（a）设备右前侧　　　　　　（b）设备右后侧　　　　　　（c）设备仪表

图 5-26　110kV 电容器模型制作参考照片

3）电压互感器模型面数：

Tris( 三角面）：12k　　Poly（四边面）：24K

4）1000kV GIS 组合电器模型贴图大小：

1024 像素 ×1024 像素（真实材质 + 手绘贴图 + 渲染烘焙）

（12）110kV 电抗器模型实例。

1）模型照片如图 5-27 所示。

图 5-27　110kV 电抗器模型照片

2）制作参考照片如图 5-28 所示。

（a）设备主体　　　　　　　　（b）设备整体

图 5-28　110kV 电抗器模型制作参考照片

3）电压互感器模型面数：

Tris( 三角面）：3.9k　　Poly（四边面）：7.8K

4）1000kV GIS 组合电器模型贴图大小：

1024 像素×1024 像素（真实材质＋手绘贴图＋渲染烘焙）

（13）电阻器模型实例。

1）模型照片如图 5-29 所示。

图 5-29　电阻器模型照片

2）制作参考照片如图 5-30 所示。

（a）设备上部　　　　　　（b）设备下部

图 5-30　电阻器模型制作参考照片

3）电压互感器模型面数：

Tris(三角面)：5.9k　　Poly（四边面）：11.8K

4）1000kV GIS 组合电器模型贴图大小：

1024 像素×1024 像素（真实材质＋手绘贴图＋渲染烘焙）

# 5.3 基于虚拟现实的特高压变电站运检场景实训案例

本节针对国网江苏电力的特高压变电站工程实际，应用前文提出的系统交互模型设计方法和关键实现技术，基于 Htc vive 虚拟现实硬件系统和 Unity3D 三维引擎，开发设计特高压变电站虚拟实训系统，具体内容包括特高压变电站场景漫游、特高压故障虚拟巡视、特高压换流阀检修三部分，支持单人或多人协同操作模式。

（1）系统开发流程。

如图 5-31 所示是一套标准的流程设计方法。

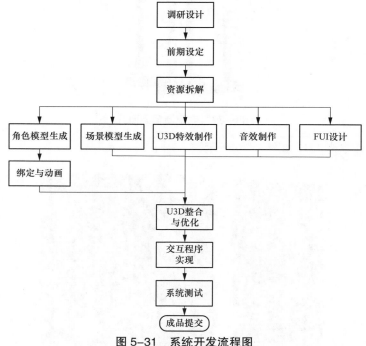

**图 5-31 系统开发流程图**

具体实施步骤如下：

1）调研设计。

遵循 SMART 原则，对具体功能细节进行调研设计，并明确颗粒的具体要求与完成时间，评判需求的合理性与可行性。

2）前期设定。

制定系统的 3D 分镜、场景规划图、原画、交互设计稿，具体工作如下：

3D 分镜：明确镜头的摆放、角色的表演、不同镜头之间的关系，对颗粒生产起主导作用；

场景规划图：明确场景物件的相互关系、建模所需的图片参考、给 U3D 整合提供场景布局参考；

原画：明确角色头身比例、服饰特征、可能产生动画的部位，给角色模型提供生产依据；

交互设计：优化空间体验、明确 FUI 设计需求、明确程序交互逻辑、给 FUI、程序起需求指导作用。

3）资源制作。

主要包括以下内容：

角色模型生成：主要参与人员为 3D 角色设计师，产出物为 3D 角色模型，其设计目的在于还原原画在三维空间的视觉效果，以满足生产中对角色模型的要求。

绑定与动画：由角色模型引出，给模型添加骨骼，为下一步的 3D 动画提供肢体及表情变化的设计支持；3D 动画的设计目的在于根据 3D 分镜的动画表演设定，完成角色富有细节的 3D 动画，为颗粒提供鲜活的生命力。

场景模型生成：促进完整场景模型的制作，满足颗粒生产中对场景的需求；3D 物件模型的设计目的在于完成场景中拆分物件的制作，满足 U3D 美术人员在引擎中整合场景所需的模型需求。

U3D 特效制作：满足场景中的光效、雾效、云彩、落叶等特效类资源生产需求，给场景 / 角色的整体视觉效果加分。

音效制作：为 VR 颗粒提供完整的声音设计方案，视听合一，让颗粒内容更完整，更出彩，让 VR 给人的沉浸感更强烈。

FUI 设计：对颗粒中的视觉元素进行设计，结合空间体验，给用户提供视觉引导帮助，以及关键操作提示。

4）Unity3D 整合与优化。

将所有资源最终的效果呈现于引擎终端，满足颗粒中的 U3D 场景生产需要，以及资源整合对接程序的资源优化需要。此环节与程序以及各个资源生产环节的对接是最为紧密的，因为每个颗粒都需要进行资源与程序的反复磨合，才能达成理想效果，可以算是工作比较繁琐的一个环节。

5）交互程序实现。

该环节主要通过各种编程手段，将需要交互的资源按照一定的逻辑顺序进行编辑、整合，最终形成一个完整的交互程序，并生成为可交付安装 / 执行的文件格式。

6）系统测试。

对系统的整体质量进行检测，观察系统的运行状况，同时及时报告发现的严重问题并进行修复，以保证系统满足设计需求，并提交最终成品。

（2）系统功能介绍。

基于电力虚拟实训场景快速构建技术，依托 3D 场景制作软件及三维引擎建模工具等，快速实现实训内容场景的三维场景建模。研究设定匹配对应的虚拟现实场景资源，实现基于电气设备的分布式交互的网络虚拟实训场景化教学设计。

1）场景化学习：电力设备结构知识学习。

本部分功能应用能 360° 全景还原特高压变电站的结构布局情况，支持用户开展近乎真实的漫游交互，在进行变电站场景漫游的过程中，熟悉掌握变电站的总体结构布局，并能近距离观察电力设备结构，还能结合关键知识点的语音讲解，透视观察特高压 GIS、主变压器等关键设备内部结构，为一线人员准确掌握特高压关键设备结构原理提供直观学习指引。

2）运行人员实训应用：虚拟巡视模拟考核。

本部分功能应用针对特高压变电运行专业的现场巡视工作，从实际业务需求出发，在虚拟环境中还原特高压站的基本巡视路线，并按照标准作业规范，指引运行人员熟练掌握变电巡视要点。同时，结合虚拟现实技术优势，准确模拟还原各种实际设备故障缺陷，对运行人员虚拟巡视的故障缺陷遗漏情况进行考核，为运行人员的岗位能力评价提供支撑。

3）检修人员实训应用：换流阀检修演练。

本部分功能应用针对特高压关键换流阀设备，考虑实际运行环境难以接触设备、检修演练难以开展的问题，重点针对换流阀检修流程演练模拟研发应用系统，按照标准作业还原换流阀各项检修工作的操作流程，为检修人员开展检修演练提供支撑。系统还能对变压器等设备主要故障进行模拟仿真，直观呈现故障的发展演变过程，为检修人员开展故障模拟分析提供支撑。

（3）系统效果特性。

系统主界面如图 5-32 所示。

系统采用层次化数据模型动态数据处理技术进行场景建模开发，图 5-32 所示模型是由关键特征数据层模型构成的场景图，图 5-33（a）是典型全面信息数据层模型，对特高压主变压器设备的结构进行了完整信息建模，图 5-33（b）则是典型精细完善数据层模型，对 GIS 开

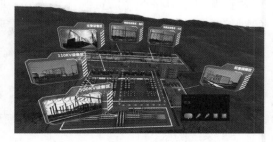

图 5-32　特高压虚拟实训系统主界面示意图

关设备的内部结构进行了精细化建模。

（a）全面信息数据层模型　　　　　　　　　　（b）精细完善数据层模型

**图 5-33　多分辨率电力设备三维数据模型示意图**

用户利用本系统可开展特高压变电站相关实训演练操作，获得 360° 沉浸式学习体验，并开展各类实际交互操作，包括设备运行巡视、关键设备检修、带电检测等功能，如图 5-34 所示。

（a）特高压主变巡视　　　（b）特高压 GIS 设备巡视　　　（c）特高压换流阀巡视

**图 5-34　特高压实训演练典型交互过程示意图**

为进一步应用系统效果，将虚拟实训系统与传统桌面式变电仿真系统进行了对比，针对 100 名用户的体验反馈情况进行统计分析，其中每位用户体验反馈结果基于用户体验模型，采用调查问卷的方式得到，最终统计得到雷达分析图，如图 5-35 所示。相比于传统桌面式仿真系统，基于本文方法开发的特高压虚拟实训系统，可以为用户提供更好的学习体验，尤其在虚拟环境的感官体验和用户情感体验上有了明显提升，这也验证了本文提出的交互过程建模设计方法的有效合理性。

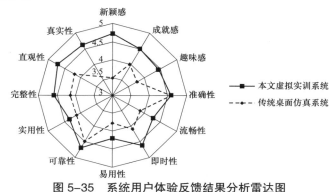

**图 5-35　系统用户体验反馈结果分析雷达图**

# 第 6 章

# 电力企业级虚拟现实网络培训应用与实践

## 6.1 分布式虚拟现实平台现状分析

分布式虚拟现实（Distributed Virtual Reality，简称 DVR）技术是计算机网络技术，通信技术，仿真技术和虚拟现实技术等多学科交叉结合的产物。在 DVR 系统中，多个地理位置不同的用户终端同处于一个虚拟环境中，彼此之间通过网络进行实时交互协作，具有良好的可扩展性。在 DVR 中，每个用户都以"替身"的形式出现。替身的行为由用户本身的行为决定，并且通过消息传送机制将用户的行为和虚拟环境状态的变化更新到其他节点中。

近年来，国内外 DVR 技术在不同行业也得到了不断扩大和深入应用，包括虚拟数字地球、3D 地理信息、远程教育、科学计算可视化、工程技术、建筑规划模拟、艺术、网络立体商城、网络 3D 游戏、军事对抗演习等。利用它可以创建多媒体通信、设计协作系统、实境式电子商务、网络游戏、虚拟社区全新的应用系统。目前，分布式虚拟交互仿真已成为国际上的研究热点，并相继推出了 DIS、mA 等相关标准。

现阶段，典型的分布式虚拟现实系统通常可概括为以下四种结构。

（1）无服务器网络模型（Serverless Model）：即 P2P 对等网的方式，通过 P2P 和组播的方式进行消息传输。每台客户端隶属于一个或多个组，通过组播与组内的其他客户端交换信息。优点是无单点失效和单一瓶颈问题；缺点是复杂不易扩展，浪费网络带宽，因此通常应用在局域网环境中，比如 SIMNET 采用的就是这种网络模型。

（2）集中式服务器网络模型（Centralized Server Model）：即典型的星型结构，采用一个中心服务器，所有客户端之间的通信都经中心服务器转发。优点是管理简单，中心服务器可以对传递的消息进行过滤；缺点是中心服务器存在单点失效的问题，是系统的瓶颈，另外经中心服务器转发增加了通信延迟。一般适用于小型网络游戏或者基于局域网的中小规模应用。

（3）多服务器网络模型（Multiple Servers Model）：每个服务器独自为客户端提供服务，多台服务器之间用于冗余存储，无需协调，可靠性和扩展性较好；缺点是难于保证全局场景的一致性以及同步所有客户端状态。该模型虽然能够满足大量用户的高并发应用需求，但是由于多服务器间相互是独立的，每个服务器都维护各自的虚拟场景，很难实现能够承载海量数据的单一虚拟场景服务。这种网络模型目前一般被一些大型的网络游戏所采用。

（4）分布式多服务器网络模型（Distributed Multiple Servers Model）：每个服务器同时为多个客户端提供服务，多服务器间相互协调。在 DMSM 结构中，将虚拟世界分割成多个区域，每个服务器负责维护其中一个区域的状态，而不需要都复制一整份虚拟场景的所有状态。优点是支持海量数据，容易扩展，可以共同维护一个统一的虚拟场景；缺点是服务器之间的协调导致延迟以及实现一个好的协调策略比较困难，但是综合来说该模型比较适合大规模场景应用。

从表 6-1 中我们可以看出各种网络模型的特点对比。其中无服务器模型由于没有消息的中转，使得效率更高，尤其适合在局域网中使用；集中式服务器模型相对简单，易于管理，通常应用在小规模场景中；多服务器模型是目前网游中采用最多的模式，尤其适合大规模用户同时在线，但其无法保证同一时刻同一场景的一致性；而分布式多服务器网络模型综合了前几种模型的优点再加上分布式技术，适合在分布式虚拟现实系统使用，不过实现起来相对复杂。

表 6-1　　　　　　　　　　　　四种典型网络模型的对比

| 类型 | 复杂度 | 适用网络 | 一致性 | 扩展性 | 可靠性 |
|---|---|---|---|---|---|
| 无服务器模型 | 简单 | 局域网 | 复杂 | 很好 | 非常高 |
| 集中式服务器 | 简单 | 局域网 | 容易 | 一般 | 一般 |
| 多服务器模型 | 复杂 | 广域网 | 不支持 | 好 | 高 |
| 分布式服务器 | 复杂 | 广域网 | 复杂 | 好 | 高 |

基于以上的调研结果，在前人成果的基础上，综合考虑到电力虚拟现实平台的具体支撑环境，比如需要能够动态扩展、支持大数据的组织管理、大量用户并发访问、适应于企业平台级应用等需求，同时结合虚拟现实系统网络化、平台化的发展趋势，最适合采用分布式多服务器网络模型的虚拟现实系统。

# 6.2 江苏电力虚拟现实平台支撑环境分析

国网江苏电力是由自主架设的骨干网等多级内部专有网络构成，已覆盖至本部、直属单位、市公司、县公司、供电所、配用电侧，实现信息网络的全覆盖。

在基础技术及软件支撑上，以支撑并驱动电网发展和公司发展为目标，江苏电力将信息技术与公司生产、经营和管理深度融合，广泛应用云计算、大数据、物联网和移动技术，全面提升了江苏电力信息平台承载能力，搭建了一体化信息平台，提供了大数据平台、统一权限认证平台、数据交换等基础组件，形成了成熟的信息化架构体系，如图 6-1 所示。

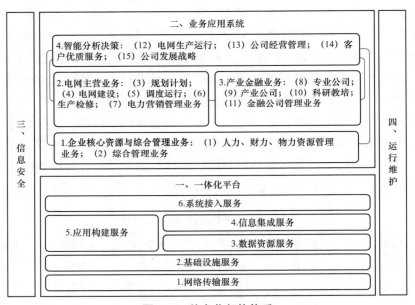

**图 6-1 信息化架构体系**

在业务支撑环境上，江苏电力明确提出，要完善职业发展管理、培养开发管理应用，建立全口径员工职业发展模型，强化员工职业生涯规划，健全优秀专家、优秀技师、优秀员工基础数据库，并与岗位、薪酬、绩效、培训管理相结合。完善培养开发管理应用，加强培训应用机构运营管控，支撑全员培训效果分析，优化整合培训资源，建设培训教师基础数据库，深化网络大学应用，并纳入江苏电力一体化业务应用系统，部署在全省生产控制云、企业管理云、公共服务云组成的"三朵云"中。

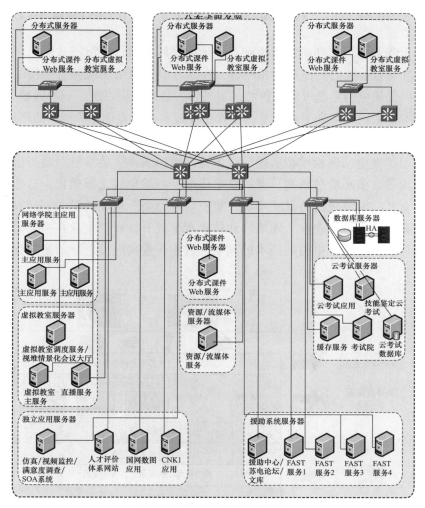

图 6-2 节点服务器示意图

在培训平台支撑上，江苏电力自 2006 年起便开展网络培训平台建设，截至目前，已打造成为国网系统内规模最大的省级网络培训平台。在具体实现上，江苏电力采用分布式体系架构，由部署在省电科院的中心服务器以及各地市的节点服务器，如图 6-2 所示。共同支撑全省的在线学习，在负载均衡、网络数据传输上都经过了多次升级，能够支撑数千人的大规模并发学习、考试等在线活动，为虚拟现实网络培训平台全省大规模建设、部署提供了客观的软硬件基础。

## 6.3 企业级"大型虚拟现实平台"的总体架构设计

基于江苏电力前期研究成果和对培训的实际需求，将沉浸式虚拟现实技术（VR）与电力系统的具体业务相融合，在江苏电力网络学院原有架构的基础上规划，以优质电力系统资源为核心，集平台、终端应用系统、资源内容于一体，构建虚拟现实网络培训平台体系，实现相关技术在电力企业培训中的落地应用，为电力系统中的培训创设接近真实的工作环境，如：电力设备模型的沉浸式体验与学习、变电站巡检模拟实操、设备检修模拟实操、传导电网救援思路、还原事故现场、演练应急预案、模拟带电作业，将抽象概念形象化，打造高度开放、可交互、沉浸式的情景式环境，实现对电力企业培训的模式创新和品质提升，将有效促进电力企业人才培养和技术水平提升，帮助企业在当前紧迫能源环境形势下主动适应电力新技术的发展，进一步提高电力系统的智能化和现代化水平。

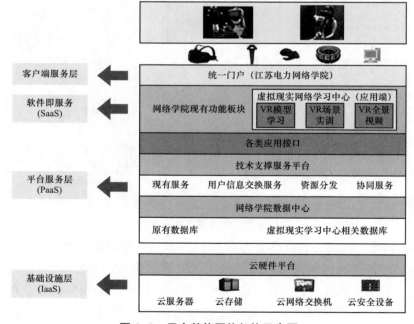

图 6-3 平台整体网络架构示意图

针对上述建设目标，采用 C/S 架构模式，构建适应江苏电力公司的网络化虚拟现实网络培训平台，基于江苏电力内网原有架构的基础上规划平台系统架构，在硬件层面，以原有网络架构为基础，结合方案配置的虚拟现实网络设备，对原有架构进行相应扩充，搭建平台硬件网络架构；在软件层面，借助虚拟现实开发、编辑等工具，创建平台软件技术架构。平台整体网络架构如图 6-3 所示。

## 6.3.1　硬件网络架构

在江苏公司网络学院的基础上，增加数据库服务、VR 资源分发服务、VR 协同通信服务、用户信息服务以及 VR 资源数据存储服务相关的服务器。根据系统安全和 1000 人用户以及 100 人同时在线实训的要求，共需要 8 台服务器完成服务支撑和热备要求，存储空间建议磁盘阵列模式进行后期存储空间的拓展。在资源分发服务器、VR 协同通信服务器建议采用物理服务器，其他可以考虑虚拟机。在协同资源通信服务器每增加 100 人同时在线扩充一台服务器的标准进行扩充。硬件网络架构示意图如图 6-4 所示。

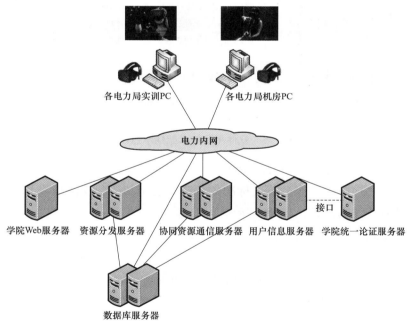

图 6-4　硬件网络架构示意图

## 6.3.2　软件平台技术架构

总体技术框架建立要遵循"整合资源，信息共享"的原则，应用系统采用多层架构，以数据库和应用服务为基础进行开发，实现资源和服务的共享，实现数据层和展现层的分离。整体应用系统通过 SOA 面向服务管理架构模式实现应用组件的有效整合，完成应用系统的统一化管理与维护。整体建设内容包含了数据库的搭建、后台的维护服务、权限管理、并进行核心服务集群（包含数据录入、删除服务、进程守护服务等）、应用功能完善可开发、应用资源全面共享与管理。软件平台技术架构示意图如图 6-5 所示。

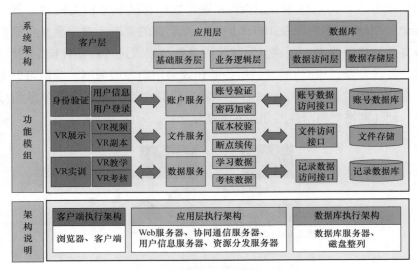

图 6-5　软件平台技术架构示意图

在数据层，通过有效的资源分析管理机制实现资源的有效管理与展现；针对资源后台维护服务，通过相关标准的制定、安全架构的保障以及管理规范的建设，保障系统的设计、搭建、运维等全流程性工作。通过有效的接口管理机制，实现资源的互联互通。同时，平台提供统一的内容管理、资源整合、安全管理构架，并提供对应用服务的统一调度和管理，同时，系统体系结构应分层组织，系统功能模块化，系统集成松耦合，方便业务应用的修改、重用和部署，满足系统未来弹性扩展的要求。

### 6.3.3　平台功能设计

江苏电力虚拟现实网络培训平台是为江苏电力企业打造的在线实用技能学习平台，其主要功能可分为后台的系统管理和前台的培训管理。

系统管理功能的服务对象为平台的管理人员，提供针对用户及平台的管理功能；前台的培训管理功能的服务对象为 VR 资源制作人员、培训学员和监考老师，提供资源制作、培训和考核需要的功能。平台功能概要如图 6-6 所示。

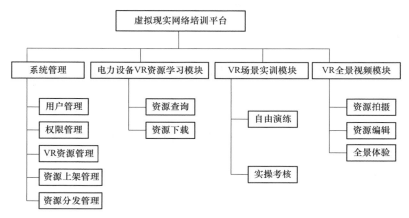

图 6-6　平台功能概要示意图

（1）系统管理。

系统管理是提供给平台管理人员使用的功能，是为了实现对平台正常使用所设置的平台管理功能，以保证平台运行所需要的基本管理，主要功能如下：

1）用户管理：有效管理用户的账号、角色等信息，实现对用户的分类及注册信息的管理；

2）权限管理：针对不同的用户设置不同的权限，方便用户登录平台并使用与角色相对应的功能；

3）VR 资源管理：对 VR 资源进行分类管理，方便学员培训实操和考核时使用。通过该功能，可以方便地将不同平台的电力标准素材互相导入 / 导出，实现最大程度的资源共享，推动形成统一标准的电力资源库；

4）VR 资源上架管理：通过该功能，将不同类别的 VR 资源及时上传至资源库，实现资源的同步更新和共享；

5）VR 资源分发管理：通过资源发布功能，将相应的 VR 资源一键推送至客户端同步播放和讲解，实现资源数据的实时共享，以达到最佳的培训效果。

（2）电力设备 VR 资源学习。

电力设备 VR 资源学习模块主要提供各类型的电力设备 VR 资源，方便学员开展体验式学习。

1）资源查询：对培训平台上的电力设备 VR 资源进行分类查询，查找符合需要的资源进行学习；

2）资源下载：通过平台提供的 VR 资源分发功能，实现 VR 资源的本地化下载，以达到资源在实操过程中不受网络环境影响的目的，充分保障其正常操作；

3）学习体验：利用 VR 终端硬件设备，对平台上的电力设备 VR 资源进行沉浸式学习，达到如同真实设备的学习效果。

（3）VR 场景实训。

实操培训主要提供给培训学员和监考老师使用。通过后台功能的支持，在前台展示分类资源界面，点击或触发后即可实现资源的查看、实操和考核等功能。

1）自由演练：学员通过点击或触发打开相关资源，与 PC 匹配的 VR 眼镜中即可自动播放当前资源。学员只需戴上 VR 设备，就可以实现自由的体验式学习和操作演练。

2）实操考核：针对已经熟练操作的内容，平台提供培训考核功能，实现远程 1+1、1+2 等多种考核模式。学员和监考老师可同时进入同一考核场景，学员负责考核操作，老师全程监督，并在考核结束后根据学员的现场表现，给出相应的评价结果。多人实操考核通过网络协同来实现。

（4）VR 全景视频。

VR 全景视频是利用全景拍摄技术，结合全景拍摄的相关软硬件，通过设计拍摄的内容和场景，实现学习培训场景的制作，供学员体验和学习。

1）资源拍摄：对规划设计好的资源内容，利用全景相机和配套的软硬件设备，对特定场景进行拍摄，并制作成全景图片或视频；

2）资源优化：对拍摄完成的全景资源进行优化处理，包括调整拼接内容、剪辑、内容替换等，以达到资源的最优效果；

3）全景体验：在完成全景资源的制作和处理后，通过平台的后台管理功能，实现资源的上架管理。学员可以通过前台的学习页面，利用 VR 眼镜进行全景体验式学习，全方位感受全景视频带来的真实震撼场景。

# 6.4　电力企业虚拟现实平台基础支撑技术

## 6.4.1　资源分发管理

在资源分发过程中，若需传输的资源文件过大，同步分发时会给网络带来巨大的负荷，考虑电力企业网络业务的正常稳定运行，可采取异步分发模式来实现网络资源分发。具体实现流程如图 6–7 所示。

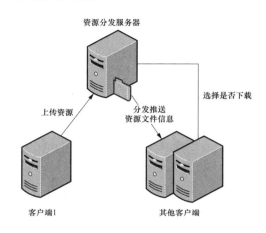

图 6–7　资源分发管理实现流程示意图

在电力企业虚拟现实平台中，当客户端上传资源后，服务端接收并存放该资源，同时向其他客户端分发推送该资源的文件相关信息；其他客户端可选择是否下载，当其需要使用该资源时，再选择从服务端下载该资源。

## 6.4.2　虚拟现实资源数据管理

虚拟现实平台开发中涉及海量的资源数据，如何更快、更多、更好地传输与存储数据就成为其数据信息处理的首要问题，而数据压缩技术则是解决这一问题的重要方法。当前，在数据的压缩方面主要用到以下三种压缩算法：

（1）RLE 压缩算法。

RLE（Run Length Encoding），是一个针对无损压缩的非常简单的算法。它用重复字节和重复的次数来简单描述，代替重复的字节。尽管简单并且对于通常的压缩非常低效，但它有的时候却非常有用（例如，JPEG 就使用它）。

游程编码是一种统计编码，该编码属于无损压缩编码，对于二值图有效。其在对图像数据进行编码时，沿一定方向排列的具有相同灰度值的像素可看成是连续符号，用字串代替这些连续符号，可大幅度减少数据量。

行程编码是连续精确的编码，在传输过程中，如果其中一位符号发生错误，即可影响整个编码序列，使行程编码无法还原回原始数据。

游程编码所能获得的压缩比有多大，主要取决于图像本身的特点。如果图像中具有相同颜色的图像块越大，图像块数目越少，获得的压缩比就越高。反之，压缩比就越小。

RLE 压缩方案是一种极其成熟的压缩方案，特点是无损失压缩，既节省了磁盘空间又不损失任何图像数据。

（2）哈夫曼编码。

哈夫曼编码是无损压缩当中最好的方法之一。它使用预先二进制描述来替换每个符号，长度由特殊符号出现的频率决定。常见的符号需要很少的位来表示，而不常见的符号需要很多位来表示。

哈夫曼算法在改变任何符号二进制编码引起少量密集表现方面是最佳的。然而，它并不处理符号的顺序和重复或序号的序列。

（3）Lempel–Ziv(LZ77) 压缩算法。

Lempel–Ziv(LZ77) 压缩模式有许多不同的变量。基本压缩库有清晰的 LZ77 算法的实现（Lempel–Ziv，1977），执行得很好，源代码也非常容易理解。

LZ77 算法采用自适应的字典模型算法，也就是将已经编码的信息作为字典，如果要编码的字符串曾经出现过，就输出该字符串的出现位置以及长度，否则输出新的字符串。

LZ77 算法使用"滑动窗口"的方法，来进行字符串的匹配。它的核心思想是在前面已经出现过的数据中找重复出现的字符，根据局部性原理，如果一个字符串要重复，那么也是在附近重复，远的地方就不用找了，因此设置了一个滑动窗口，每次都在这个窗口里面找重复出现的字符。关于这个滑动窗口的大小，理论上是窗口越大，重复的可能性越大，压缩的效率越高，但是窗口太大的话，查找的效率也会降低，所以窗口的设置必须合理。LZ77 算法中设置滑动窗口的大小为 32k。

LZ 编码器用于通用目标的压缩，特别对于文本执行得很好。它也在 RLE 和哈夫曼编码器（RLE，LZ，哈夫曼）中用来获得更多的压缩。

## 6.4.3　网络传输协议加密

网络传输协议的加密过程由加密算法来实现。现阶段的加密算法主要分为对称加密算法和非对称加密算法。由于非对称加密算法的运行速度比对称加密算法的速度慢很多，当我们需要加密大量的数据时，建议采用对称加密算法，提高加解密速度。当前主流的对称加密算法主要有以下三种：

（1）DES（Data Encryption Standard）：对称算法，数据加密标准，速度较快，适用于加密大量数据的场合；DES 算法主要采用替换和移位的方式进行加密，它用 56 位（64 位密钥只有 56 位有效）对 64 位二进制数据块进行加密，每次加密对 64 位的输入数据进行 16 轮编码，经过一系列替换和移位后，输入的 64 位原数据转换成完全不同的 64 位输出数据。DES 加密示意图如图 6-8 所示。

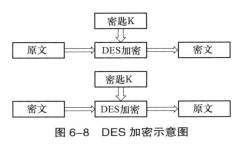

图 6-8　DES 加密示意图

（2）3DES（Triple DES）：基于 DES 的对称算法，是现在比较常用的一种对称加密算法，比起 DES 来说安全性更高。该算法的加解密过程分别是对明文 / 密文数据进行三次 DES 加密或解密，得到相应的密文或明文。由于计算机运算能力的增强，原版 DES 密码的密钥长度变得容易被暴力破解；3DES 即是设计用来提供一种相对简单的方法，即通过增加 DES 的密钥长度来避免类似的攻击，而不是设计一种全新的块密码算法。3DES 加密示意图如图 6-9 所示。

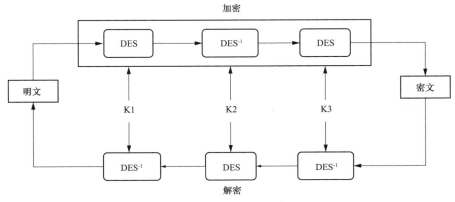

图 6-9　3DES 加密示意图

（3）AES Advanced Encryption Standard：高级加密标准，为最常见的对称加密算法 ( 微信小程序加密传输就是用这个加密算法的 )。对称加密算法也就是加密和解密用相同的密钥，具体的加密流程如图 6-10 所示。

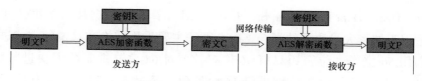

图 6-10　AES 加密示意图

　　AES 为分组密码，分组密码也就是把明文分成一组一组的，每组长度相等，每次加密一组数据，直到加密完整个明文。在 AES 标准规范中，分组长度只能是 128 位，也就是说，每个分组为 16 个字节（每个字节 8 位）。密钥的长度可以使用 128 位、192 位或 256 位。密钥的长度不同，推荐加密轮数也不同，如表 6-3 所示。

表 6-3　　　　　　　　　　　　AES 推荐加密轮数

| AES | 密钥长度（32 位比特字） | 分组长度（32 位比特字） | 加密轮数 |
|---|---|---|---|
| AES-128 | 4 | 4 | 10 |
| AES-192 | 6 | 4 | 12 |
| AES-256 | 8 | 4 | 14 |

　　由于 3DES 算法是基于 DES 算法的安全性更高的算法，在此仅拿 3DES 与 AES 算法进行比较。

表 6-4　　　　　　　　　　　　AES 与 3DES 的比较

| 算法名称 | 算法类型 | 密钥长度 | 速度 | 解密时间（建设机器每秒尝试 255 个密钥） | 资源消耗 |
|---|---|---|---|---|---|
| AES | 对称 block 密码 | 128、192、256 位 | 高 | 1490000 亿年 | 低 |
| 3DES | 对称 feistel 密码 | 112 位或 168 位 | 低 | 46 亿年 | 中 |

　　综上，AES 在各项指标上均远远超越 3DES，非常适合用于虚拟现实数据的加密。因此可以采用 AES 加密算法对相关文件进行加密。

## 6.4.4 负载均衡处理

（1）URL 重定向方式。

是指客户端首先请求负载均衡器，由负载均衡器根据算法向客户端返回实际处理业务的服务器信息，如 IP 地址，端口号或者更高层的应用层信息（如 HTTP 协议中表现为 URL），客户端直接根据该信息向后端服务器发起请求。

这种方式，对于简单的网站，如果网站是自己开发的，也在一定程度上可行，但是它存在着较多的问题：

1）"例如一台服务器如何能保证它重定向过的服务器是比较空闲的，并且不会再次发送 LOCATION 指令，LOCATION 指令和浏览器都没有这方面的支持能力，这样很容易在浏览器上形成一种死循环。"

2）在哪里放 LOCATION，也是一个问题。很有可能用户会访问系统的很多个不同 URL，这个时候做起来会非常麻烦。并且，对 URL 的访问，有的时候是直接过来的，可以被重定向，有的时候是带着 SESSION 之类的，重定向就可能会出问题。并且，这种做法，将负载均衡这个系统级的问题放到了应用层，结果可能是麻烦多多。

3）这种方式一般只适用于 HTTP 方式，但是实际上有太多情况不仅仅是 HTTP 方式了，特别是用户如果在应用里面插一点流媒体之类的。

4）重定向的方式，效率远低于 IP 隧道。

5）这种方式，有的时候会伴以对服务器状态的检测，但往往也是在应用层面实现，从而实时性大打折扣。

实际上，这种方式是一种"对付"的解决方法，并不能真正用于企业级（稍微复杂一点的应用系统）的负载均衡应用。

（2）基于 DNS 的负载均衡技术。

最早的负载均衡技术是通过 DNS 来实现的，在 DNS 中为多个地址配置同一个名字，因而查询这个名字的客户机将得到其中一个地址，从而使得不同的客户访问不同的服务器，达到负载均衡的目的。

DNS 负载均衡是一种简单而有效的方法，但是它不能区分服务器的差异，也不能反映服务器的当前运行状态。当使用 DNS 负载均衡的时候，必须尽量保证不同的客户计算机能均匀获得不同的地址。由于 DNS 数据具备刷新时间标志，一旦超过这个时间限制，其他 DNS 服务器就需要和这个服务器交互，以重新获得地址数据，就有可能获得不同 IP 地址。因此，为了使地址能随机分配，就应使刷新时间尽量短，不同地方的 DNS 服务器能更新对应的地址，随机获得地址，然而将过期时间设置得过短，将使 DNS 流量大增，而造成额外的网络问题。DNS 负载均衡的另一个问题是，一旦某个服务器出现故障，即使及时修改了 DNS 设置，还是要等待足够的时间（刷新时间）才能发挥作用，在此期间，保存了故障服务器地址的客户计算机将不能正常访问服务器。

尽管存在多种问题，但它还是一种非常有效的做法，包括 Yahoo 在内的很多大型网站都使用 DNS。

（3）LVS。

LVS 是一个开源的软件，可以实现 LINUX 平台下的简单负载均衡。

负载均衡集群是在应用服务器高负载的情况下，由多台节点提供可伸缩的、高负载的服务器组以保证对外提供良好的服务响应；而 LVS 就是实现这一功能的技术。实际上 LVS 是一种 LINUX 操作系统上基于 IP 层的负载均衡调度技术，它在操作系统核心层上，将来自 IP 层的 TCP/UDP 请求均衡地转移到不同的服务器，从而将一组服务器构成一个高性能、高可用的虚拟服务器。使用三台机器就可以用 LVS 实现最简单的集群。

优点：

1）开源，免费；

2）网络上能找到部分相关技术资源；

3）具有软件负载均衡的部分优点。

缺点：

1）具有开源产品常有的缺点，最核心的就是没有可靠的支持服务，没有人对其结果负责；

2）功能比较简单，支持复杂应用的负载均衡能力较差，如算法较少等；

3）开启隧道方式需重编译内核；

4）配置复杂；

5）只支持 LINUX，如果应用还包括 WINDOWS、SOLIRIS 等就不行了。

（4）算法负载均衡。

1）算法负载均衡提供可扩展的容错网络服务，帮助用户建立一个可扩展的、可靠的、易于管理的网络系统。

集群中的节点可通过一至多个虚拟 IP（VIP）地址来访问，在用户面前就好像是一个网络服务器。

节点共享不同服务的负载。用户可配置每项服务的负载共享，还可运用多种负载均衡算法对特殊应用及站点需求进行细调。

2）算法负载均衡删除了单一故障点并确保以下可用性：

a）如果任一节点或服务出现故障，该负载均衡会对故障节点周围的请求进行调度；

b）任一出现故障的模块会得到适度修复；

c）曾启动过的故障节点重启之后将无缝加入集群，从而恢复最大性能；

d）通过将出局包从 NIC 路由至功能节点，该负载均衡可恢复 NIC 故障。

3）算法负载均衡有以下特点：

a）它是基于 IP 隧道的，而不是像 URL 重定向方式那样。所以，它是独立于应用的；

b）它支持不同平台，即应用可以是基于 LINUX，WINDOWS 或 SOLARIS 的，而不是像 LVS 只能在 LINUX 上；

c）它是实时的，这点与 DNS 方式有极大的差别；

d）它能够根据系统、应用的情况来决定负载，这一点与硬件负载均衡设备有很大差别；

e）它适用于企业级应用，无论从其可靠性，还是从其服务保障上，都不是像 LVS 那样的开源软件可比的。

综上，如果是重要的企业级应用，且网络中有多台服务器，应用比较复杂，包括有可能跨平台，则应该考虑更加专业的算法负载均衡。基于江苏电力在网络化虚拟现实方面的实际应用需求，较适合采用算法负载均衡来保障网络传输时整个网络的负载均衡。

# 6.5　虚拟现实模型资源的网络化

电力系统规模庞大、设备种类繁多，且具备不同的特性，地址位置分散，是一个复杂的分布式虚拟现实系统，具有多样性、分布性和异构性等特点。通常为使分布式虚拟现实系统达到良好的交互和协作功能，设计重点在于降低系统延迟。目前，降低系统延迟的办法主要有两种途径：① 通过借助专业的硬件设备，来提高系统的整体性能，从而降低系统延迟，但是成本较高；② 使用分布式技术或者高性能计算集群技术。相比而言，第二种方法性价比高，且扩展性强。但是通常对顶层应用的研制带来较大的负担。针对电力系统的特点，采用第二种途径，构建一套面向电力系统虚拟现实系统的分布式虚拟现实框架——EDVRP。同时为了屏蔽上层应用系统对底层细节的关注，提高系统的开发效率，EDVRP 引入了 ICE 中间件，作为虚拟现实模型资源网络化的通信标准，满足了异构的桌面环境和集群计算环境，提高了分布式虚拟现实系统的稳定性，同时降低开发成本。

## 6.5.1　电力系统虚拟现实系统中间件平台

中间件是位于硬件、操作系统和应用之间的服务系统，按照一组应用标准的程序接口和协议，能够实现不同硬件和操作平台的数据共享和应用操作，同时对应用无关的基础细节进行了必要的隔离，使应用在中间件提供的环境中被开发和运行，从而更好地集中于业务逻辑，实现异构环境下的良好操作。通常中间件应具有以下的特点：

1）易于集成：中间件应无缝的接入应用开发环境中，应用程序可以很快地定位和共享中间件提供的应用逻辑和数据；

2）易于移植：中间件使平台有关的细节对于应用程序来说是透明的，因此可以在不改变应用程序代码的情况下改变计算机底层硬件、操作系统或通信协议；

3）易于扩展：中间件实现的功能对应用程序来说是透明的，二者应通过一定的协议标准来规范，各自的改进相互不影响；

4）高可靠性：中间件是整个平台的核心和支撑，所以必须具有高可靠性，保障整个系统应用稳定的交互。

正是由于中间件具有这些优点和价值，因此在不同的技术领域，都会涌现出一些典型的中间件，如公共对象请求代理体系架构 CORBA、高层体系框架 HLA、数据分发服务 DDS 等。

ICE 是 ZeroC 公司开发的一种面向对象的中间件平台，其目的就是为上层应用提供高效、可靠的通信支撑，以及防火墙、消息订阅、网格计算等服务。相比于 CORBA，ICE 简化了很多定义和实现，采用更简洁精炼的特性集合对应的实现，简化了 IDL，并加入了智能指针来解决分布式对象释放的问题。更加重要的是，ICE 是一款开源的中间件平台，采用 Slice 描述对象，在多种通用通信协议上，定义了服务器与客户端的通信机制和标准。ICE 主要定义了三类标准：数据编码规则、协议状态机制与版本控制规范。

EDVRP 平台选择为以 ICE 为中间件和数据应用标准，主要从以下的原因出发：

1）ICE 提供了发布和订阅传递机制，支持同步和异步消息传递。应用层可以根据需要来选择通信模型，而不必和应用模型进行绑定；

2）ICE 支持多种接口，通过 fatets，对象可以提供多个不相关的接口，同时又跨越这些接口、保持单一的对象标识；

3）硬件无关性：ICE 无论在客户端和服务器都实现了跨硬件平台的技术，支持 x86、龙芯等不同平台，让应用层与硬件无关；

4）平台无关性：ICE 支持 WINDOWS、LINUX 系统，可以实现不同操作系统下的应用；

5）语言无关性：ICE 支持 C、C++、Java、VB、Pathon、Ruby 等不同语言，为各类语言提供了统一的接口规范；

6）安全性：ICE 对通信数据进行了 SSL 强加密，可以使客户和服务器安全的通信；

7）代码开放性：ICE 是一个开源的项目，可以根据应用需要进行定制。

## 6.5.2　EDVRP 网络协议规范

EDVRP 基于 ICE 中间件，所以其接口定义标准采用 Slice 规范。Slice 是一种标准接口，也是应用层与平台层的接口，可以实现对象接口与应用部分的分离。Slice 与语言无关，完成编辑后，可以通过 ICE 提供的 Slice 编译器进行编译，并可运行在不同的平台和架构下。EDVRP 的通信协议类似 CORBA 的 IIOP，是二进制的方式，整体消息包括消息头和消息体，消息头包括用于识别 EDVRP 协议 Magic 特征字段、协议版本号、编译版本号、消息类型、整个消息大小字节序。为了便于规范和节约资源，EDVRP 遵循 ICE 规范，采用 little-endian 标准。对于 big-endian 端的设备，要求必须转换为 little-endian 后再进行发送。

EDVRP 支持 RPC 同步和异步方式。其中同步 RPC 在远程调用过程中，调用者进入阻塞状态，直至远程执行完毕，调用者才继续执行。为了支持同步 RPC，EDVRP 的内核中记录了所有的 RPC request 的调用者，建立 Request 表。当接收到一个回复后，根据 RequestID 定位到对应的调用者代理，接触阻塞，并将返回值给代理。而调用端则通过调用 RPC 代理进入阻塞状态，直至代理解除阻塞。异步 RPC 虽然也需要建立 RPC 列表，但是调用者在调用 RPC 代理后，立即返回。RPC 代理从服务器接收到回复消息后，即查询 request 列表，获得调用者，并调用其回调函数，输入返回的数据。

EDVRPdui 象的管理则通过命名服务来实现。命名服务可以避免服务和资源因物理变化而改变的问题，提供了服务的注册、管理和查询机制。EDVRP 的命名服务接口如下：

Interface nameingService

{

void Register(Identity id , CEndpoint ep);

void Remove(Identity id);

CEndpoint Lookup(Identity id);

}

其中 Identity 是 ICE 的内置类型，为 name，category 字符串组，是 EDVRP 远程对象在服务器中的唯一标识。CEndpoint 也是内置类型，为 ip，port、Identity 元组，指定在 ip 和 port 上的适配器内标识为 Identity 的对象。Register 负责完成服务器上的注册，将 ep 所指定机器上的对象在该服务器注册为 Identity 标识。当注册名已存在，新的对象将覆盖之前的对象。Lookup 则负责查询服务接口的位置。

此外，为了满足大型复杂的分布式系统应用，EDVRP 还应支持光纤网络。目前，ASON 是光纤网络建立的主要技术，与普通的 Internet 不同，ASON 不是采用包交换技术，而是基于电路交换，所有通信之前必须建立专用的通信信道。在 A 节点向 B 节点传输数据之前，需要向光纤控制平面发送一个建链请求，通过控制信号网络发送；然后控制平面根据某个路由算法建立一条 A 和 B 节点的光纤网络端口之间的信道。在 ASON 模型中，用户网络接口（UNI）代表光纤网络核心和用户的电设备之间的接口，UNI 负责连接光设备与电设备，保证电设备可以动态地获取、释放及修改特定的光纤资源。EDVRP 正是通过 UNI 控制光纤网络，通过 UNI 管理光纤控制平面。EDVRP 提供了 RMI 接口，可以方便地建立光纤信道。

## 6.5.3　EDVRP 网络服务框架

EDVRP 采用分布式多服务器模型技术，整个系统由调度控制中心（服务器）、渲染服务器、物理服务器、设备管理（服务器），以满足对海量数据的支持，且容易扩展。系统框架如图 6-11 所示。

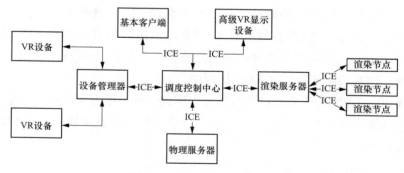

图 6-11　EDVRP 体系框架

在 EDVRP 中，系统的输入输出处理、渲染、物理仿真分布在不同服务器中，所有模块之间通过 ICE 进行通信。调度控制中心作为整个系统的核心，对整个系统的信息和模型进行统一的管控。所有客户端都是直接接入到调度控制中心。

第一，本系统将 ICE 作为虚拟现实系统资源网络化的交互平台，所有的模块通信内容均通过 IDL 描述传输的数据类型以及调用操作。通过订阅发布的方式，极大地节约了系统内数据交互，同时提高了系统的扩展性。此外，EDVRP 借助 ICE 的同步 / 异步机制完成整个系统的同步测量，调度控制中心在每一帧同步访问一次物理服务器的接口函数，判断物理数据或模型是否发生变化，检测到变化后，调度控制中心通过 ICE 获得变化后的物体数据，然后进行转化，并提交到渲染服务器或客户端，以完成一次事件同步。

第二，针对电力虚拟现实系统海量数据渲染的要求，EDVRP 采用分布式技术和并行计算处理。首先，把物理仿真和场景渲染任务通过 ICE 分布在不同物理机器上，渲染服务器负责场景的渲染；其次，若渲染服务器单机资源匮乏时，系统通过 ICE 将渲染任务提交到不同的渲染子节点。若渲染环境具备 Window Compute Cluster Server，则可以直接通过 ICE Cluster 支持将渲染任务提交到集群的头节点，由集群进行渲染计算；否则在每个渲染节点通过 ICE 分配渲染任务和收集渲染结果。由于渲染服务器需要维护当前虚拟现实世界中物体视觉信息，所以当新模型产生或发生变更时，渲染服务器都通过 ICE 与调度控制中心进行数据同步。

第三，物理仿真是分布式虚拟现实中物理世界真实感不可或缺的。EDVRP 是通过物理服务器完成物理仿真，并通过 ICE 与其他模块交互。物理服务器基于物理引擎 ODE，每个物理帧和控制中心完成一次同步。

第四，针对电力虚拟现实复杂的应用需求，本系统内的客户端也支持多种多样的终端，包括基本 PC、背投屏幕、数据手套、三维鼠标等。所有客户端均通过 ICE 接入到调度控制中心。

## 6.5.4  虚拟现实模型网络描述规范

在分布式虚拟现实系统中，除了定义通信标准，还需要定义模型的描述规范和标准。为了满足在大数量、高并发、用户分布的场景下满足场景教学、网络虚拟实训、场景网络播放等复杂应用，必须采用一种通用化、规范化、成熟化的数据标准，作为电力企业级虚拟现实系统的统一规范。通过对现有虚拟现实建模语言的调研分析，本系统拟采用 VRML/X3D 作为虚拟现实模型资源的统一描述规范，支持 XML 或 VRML 语法。以 VRML/X3D 语言作为虚拟现实模型资源的网络化规范，解决模型构建、虚拟场景构建以及其他语言的转换问题。

（1）基于 VRML/X3D 模型的构建。

VRML/X3D 作为虚拟现实领域一套成熟的建模语言，目前可以被大多主流的建模工具，如 3D MAX、RAW 等支持，或通过转换生成 VRML 语言描述的模型。而对于电力系统大量的不规则、难以用手工精确刻画的物体，可以借助部分成熟的 VRML 创作工具，如 VRMLPad，或基于 VRML 编程语言对生成模型的改造，来完成对复杂模型的构建。

（2）基于 VRML/X3D 交互式动态虚拟现实场景的构建。

基于 VRML 的虚拟现实场景构建主要包括设置模型的交互功能、设置空间视点以及设计浏览方式。其中 VRML 对交互能力是通过设置传感器实现。在场景中，传感器节点是以其他节点的子节点身份存在，父节点称为可触发节点，触发条件和时机由传感器节点类型确定；空间视点是通过 Viewpoint 节点控制，在电力系统中可以通过 Perspective ViewPoint、Top Viewpoint、Front ViewPoint 与 Left ViewPoint 描述立体图、俯视图、主视图与左视图。在 3D MAX 中，可以很方便地通过"照相机"来定义视点。

（3）模型转换。

随着 Web3D 的蓬勃发展，除了 VRML/X3D 标准之外，还涌现出大量的虚拟显示建模语言，如 Java3D、Google 的 O3D 标准、X-VRML、微软的 Silverlight 等，目前这些标准还不能够很好的兼容，为电力系统的资源整合、实现带来了困难。针对这一问题，可在 XML 基础上引入本体技术，借助于 protégé 本体构建工具，建立一套基于本体的数据集成框架。通过对 VRML/X3D 与待集成的标准的概念和语义进行抽象，形成一个公共的知识领域，其次通过增加本体头，形成本地实例；然后将所形成的本体进行概念聚类；最后，形成一个领域中公认的本地集合，实现领域内对所有知识统一的目标。

# 第7章

## 发展与展望

### 7.1 虚拟现实相关技术在电力企业培训中的应用发展

随着技术的不断更迭，目前电力移动互联网的建设成果在当前电力工作应用过程中逐渐显现疲态，电力工作对人机交互需求、数据实时传输、工作业务支撑、无线/移动业务、辅助智能决策等提出了更高的应用需求。为了使移动互联网建设的丰硕成果更适应智慧电网的发展需要，就必须在现有的基础之上，研究新技术在电网中的应用，改变和适应人们对信息需求在内容和获取方式上的巨大变化，改变现有的使用移动终端连接业务信息的传统工作模式，以更智能、更高效的形式与业务系统进行交互，获取信息，为智慧电网新一轮变革奠定基础。

回顾移动互联网的发展，经历了从 PC 至移动端的变革，再到现在的基于AR、VR、MR 技术的智能可穿戴设备的技术转变。因此，需深入研究新一代基于 AR、VR 技术的理论、关键技术、实际应用，并积极开展相关技术的深入研究以大幅促进电网行业管理效率、企业效能。

（1）更加实时精细的数据采集，建立广泛的应用场景。虚拟现实技术的应用离不开精细的建模，建模水平的高低很大程度依赖于数据的精确性，因此，更加精确实时的数据将是在电力领域深化虚拟现实技术应用的基础。目前，虚拟现实技术的应用还处在一种较为浅层的显示应用，这很大程度上是受到了数据采集细度、数据精度、数据实时程度的限制，后续随着数据采集技术的深入发展，在满足了数据丰富性和时效性的情况下，可以广泛地建立数据的关联性，进而构建出更加仿真的虚拟现实展示，同时能够模拟出更加复杂的现实场景，成为开展具体生产应用的重要技术支持。

（2）基于 AR、VR 技术在电网业务中的应用研究。基于 AR、VR 技术的智能可穿戴设备在电网业务应用将基于电力企业在行业大数据的积累与平台服务的基础上，为其提供智慧工作的解决方案，电网业务应用根据行业应用元数据，加工、分析、向用户提供不断发展提升的行业智慧数据应用。基于 AR、VR 技术智能可穿戴设备的电网业务应用将贯穿应用于日常整个电网业务的全工作，构建全方位的智慧工作模式、完善企业内部沟通交流渠道，减轻现场作业负担，提升现场作业效率，为电网巡检、抢修、远程监控、远程指挥、调度、营销、应急、安监、防灾等应用提供支持，从而提高电力智慧单兵、单兵作战能力，全面打造更智慧的电力环境。

（3）基于 AR、VR 技术的可持续交互的关键技术。主要研究在深度结合 GIS 应用的基础上，整合现场工作人员繁杂的各类装备，完善现场工作人员与调度之间交互信息的多样化及实时性，降低现场工作人员与电力生产系统的操作，提高电力设备信息采集及导入的便携性，解决现场工作人员在执行检修工作任务时的效率问题，真正做到装备简化、智能便捷的目的。可持续交互的智能设备的研究将主要以电力工作人员智能前端装备为产品形态，基于位置服务的可持续交互的智能设备的最核心装备，其研究的功能如下：

a）动态显示生产系统回传的图像和后台结果，具备高性能的人机交互；

b）根据指令引导单兵工作人员进行操作；

c）可持续交互的智能设备的集成高清摄像头可以拍摄现场情况并通过信息处理平台处理后传递给行业应用大数据平台；

d）深度结合移动 GIS；

e）支持 WIFI/3G/4G/5G 等数据连接方式；

f）改进应用 AR、VR 交互技术，优化 AR、VR 的应用体验。

# 7.2  虚拟现实相关技术在电力行业的应用和发展

## 7.2.1  电力企业虚拟现实技术应用总体展望

电力系统作为规模最庞大、结构最复杂、技术最密集的复杂系统，发电、输电、变电、配电相关的多项业务都面临着诸多难点问题，虚拟现实技术对这些问题具有良好的适应性，"虚拟现实 + 电力"有着广阔的融合应用前景。

（1）电力工程规划建设方面。

从规划建设的角度出发，虚拟现实技术可以建立一个具有听觉、视觉、触觉的多模式虚拟环境，用户借助于输入输出设备在虚拟环境中人机交互式地进行改造设计，并为规划设计方案的优劣性评判提供直观判断依据。目前，虚拟现实技术的输变电工程应用并不多见，但随着特高压、GIL管廊等工程建设规模的逐步增加，基于虚拟现实技术实现电力工程规划建设的高效可视化，具有重要意义，可以为电网工程规划建设提供有效直观的辅助决策信息，提高工作效率和管理决策水平。

典型应用场景展望：

1）应用于空间位置信息和属性信息获取困难的电力规划建设，如输电管廊设计、城市电缆通道规划等；

2）应用于大型电力工程规划建设的全生命周期管理，开展虚拟踏勘、辅助建筑设计、施工实时管控、信息数据集成、仿真演练模拟等。

（2）电力设备状态监控方面。

设备状态监测是保证电网安全稳定运行的重要工具，电网运行虽然采集了海量的监测数据，但是如何运用直观、高效的可视化呈现工具展现系统状态和检测设备健康状况，是电网设备状态监测面临的重要问题之一。虚拟现实技术在信息化虚拟环境展示、状态可视化仿真表达、分析操作辅助引导方面取得了广泛应用。将虚拟现实和故障诊断分析技术融合应用于设备状态监测，可以构建直观的设备监测环境、状态监测分析辅助，并通过辅助设备进行远程监控与操作，减小状态监测的难度，提高设备调控水平。

典型应用场景展望：

关键设备状态监测及故障分析维护，基于实时和历史状态的监测数据分析，实现数据信息与虚拟三维模型融合，对机组设备的状态"直观"显示、监测分析和状态报警，但面临着海量数据共享融合、网络传输、资源并发控制等问题需要解决。

（3）电网生产运维检修方面。

虚拟现实技术在实际生产运维检修中具有十分广阔的应用前景，重点是增强现实AR技术。基于现场监控及数据采集系统获取的数据信息，增强现实技术可以在真实运行环境基础上，为操作运行人员提供难以直接获取的数据信息辅助，直观全面地呈现出设备参数、运行状态、操作提示等输变电设备信息，可大大提升生产效率、运维水平和安全水平。

基于增强现实的智能可穿戴设备是当前的研究应用热点，作业人员通过佩戴相关智能设备，可以在真实的作业场景中获得更多的业务数据支撑，从而准确掌握设备台账、图纸信息和标准化作业流程指导，保证各项作业决策的规范准确开展，全面提高作业效率。

典型应用场景展望：

基于虚拟现实技术构建智能运检平台，将虚拟现实终端设备与网络云端服务相结合，通过计算机网络提供各强大的数据信息服务支撑，实现现场应用时远程专家诊断、智能导航、现场作业监控等功能，全面革新现场作业人员的感知能力、分析能力、行动能力和处理能力。"智慧单兵系统"框架示意图如图 7-1 所示。

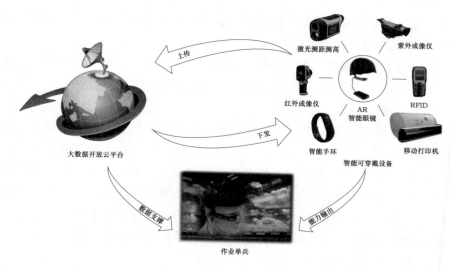

图 7-1 "智慧单兵系统"框架示意图

（4）防灾减灾和应急演练。

灾害防范和应急抢修演练是电网安全管理的重要环节，将虚拟现实技术应用在电力应急抢修演练，为电力工作人员提供一个虚拟的复杂高危演练场景，让电力工作人员在非常逼真的场景中进行演练，对提高电力应急抢修演练的效果以及保证电力系统的安全具有积极的作用。虚拟现实技术可以建立逼真的重大事故场景，通过精确的事故后果模拟，为用户提供交互式的应急演练与安全培训平台，并为制定事故应急响应措施和预案提供决策依据。事故应急演练模拟如图 7-2 所示。

典型应用场景展望：

通过利用虚拟现实技术，创建了电力作业虚拟场景，进行了从接收到应急抢修信号、通知抢修部门、赶到事故现场、现场勘查、填写应急抢修单、制定抢修方案、准备应急抢修材料、进行抢修以及消除故障及其现场清理的仿真演练。

图 7-2　Gexcon 公司事故应急演练模拟

## 7.2.2　电力企业培训的虚拟现实技术应用展望

一直以来，三维虚拟仿真技术在电网领域的主要应用大都集中在系统仿真培训方面，涵盖电网调度、变电运行与维护、继电保护、输配电线路运行和检修、用电检查和营销等多个专业，可以提供三维可视化的实训环境，并应用于相关人员的独立培训、联合培训和事故演习等培训需求。随着虚拟技术的发展应用，未来"虚拟现实 + 电力培训"在运检实训、调控仿真、安全管控、应急演练、故障分析、岗位考核等不同培训业务场景中均具有广阔应用前景。

（1）安全类培训。

目前，在涉及人身安全、设备安全、电网安全的安全类培训不可能在实际工作中进行（如应急演练、安规教学中的违章作业等），受培训人员难以体验到真实人身、设备、电网故障发生后的情景，教学及演练效果不佳，不利于提升突发故障的应对处置能力。

利用虚拟现实技术构建三维虚拟化运行电网及环境，可模拟各种危险场景、多种安全隐患、事故等，让受培训人员通过虚拟现实投射的沉浸式场景进行分析，并利用位移和操作手柄的真实操作完成教学内容，能实际感受到操作后的效果，获得真实的故障排查处理体验。

用虚拟现实技术进行电力安全培训，给受训者真实的物理反馈，让受训者在视觉和体感上产生身临其境的感觉，增强对错误操作的记忆性和认知度，提高在日常工作中的安全意识；同时，还不会影响真实电网的生产运行，可以进行反复的教学操作，能避免每次培训成本的重复投入，大幅度提升受训人员操作水平及培训效果。

典型应用场景展望：

1）火灾、爆炸场景下的应急演练等；

2）各种人身安全、设备安全的安全警示教学等；

3）各类电网设备事故的应急处置演练。

（2）特种作业培训。

在恶劣环境下、新的作业人员进行作业时，经常会有人出现例如恐高症、陌生环境的不适应性等情况。应用虚拟现实技术构建虚拟环境，可以打破复杂地形、恶劣自然环境的限制，便于开展培训工作，降低工作难度，从而帮助作业人员在虚拟的高空、虚拟的极端恶劣天气等环境中克服心理障碍，并进行相关特种作业培训，这样就使得工作人员的生命安全更加得到保障。

将虚拟现实技术应用于带电作业培训，可以使操作人员在主控界面上看到高压带电作业之前的虚拟任务预演和碰撞检测，使操作人员完全摆脱高压、强辐射、高空作业的恶劣环境的影响，提高培训质效。

典型应用场景展望：

1）高空作业，超高压特高压线路的输电杆塔、特别是大跨越杆塔上的作业；

2）带电作业，虚拟绝缘斗臂车的操作培训，带电作业安全措施的培训，带电更换故障设备等；

3）复杂气候地形下的作业，模拟风雨雾等恶劣环境，模拟高山、高原、崎岖地形等。

（3）强实操性作业培训。

电力系统的运行维护操作具有特殊性，对操作正确性的要求非常高，一般不允许出现重大的操作失误；否则，所带来的损失将非常巨大。所以对于复杂的操作流程和高难度的操作技能，需要通过反复的操作训练来提高从业人员的技能水平。

随着虚拟现实技术的发展，使用虚拟现实方式对从业人员进行培训和考核是一个主要的发展趋势。电网运行的实际作业环境比较复杂，许多实操训练难以贴近实际开展，但使用虚拟现实技术后，它可以将人－计算机－环境3个要素结合在一起，更好地调整三者之间的协调性，大大增强了操作的准确性。利用虚拟现实技术进行实训操作技能培训，打破场地、设备等环境条件的限制，很容易开展大批量、多频次的现场实操培训，并规避与实际电网接触的安全风险。一方面能够降低现场工作对操作者技术、经验能力的要求，智能开展运维检修工作，提高检修工作效率和质量；另一方面通过虚拟指挥中心为检修人员远程提供专家指导，可以更加快速、准确的完成设备故障处理。

典型应用场景展望：

1）检修类作业（设备抢修、故障缺陷处理等）：利用虚拟现实技术进行 1：1 建模，高度还原现场设备设施环境；借助虚拟现实技术可辅助抢修人员快速熟悉现场设施环境，为抢修工作开展做好充分准备；在开展检修演练过程中，借助历史业务数据，可为抢修人员直接提供丰富的参考信息，有利于及时排除设备故障，提高电网故障抢修效率。

2）巡视类作业（设备虚拟监控、设备故障缺陷巡视、输电线路运维检修培训等）：利用建模技术，建立与现场实际相同的虚拟场景，巡检人员通过虚拟现实设备，可在虚拟场景中 360°沉浸查看设备的受损状况、周围环境现状等，并能够与虚拟场景中的设备进行互动，达到与现场巡检相同或相似的效果。

（4）大型关键设备培训。

对于特高压设备、特高压换流阀等新型设备，由于价格昂贵，体积巨大无法采用实体模型进行培训。传统的结构示意图、静态效果图、三维效果图等手段因空间受限，不能完全体现设备的信息，特别是内部结构信息，也难以体现出整个设备的结构细节，且效果不够直观，在培训中也容易造成偏差。

利用虚拟现实技术进行大型关键设备培训，受训人员可在虚拟现实三维场景中任意漫游，清晰观察设备的内、外部精细结构，便于认知、理解、掌握设备的原理和结构特点，提高学习的整体水平，大幅提高培训质量。

利用虚拟现实技术进行大型关键设备培训工程，教学人员及受训人员可沉浸在虚拟环境中，不受时间地点限制，"身临其境"的多角度、全方位浏览和熟悉整个设备，包括在现实世界中不易到达的位置或隐蔽性元器件，准确掌握设备知识，提高培训的整体水平。

典型应用场景展望：

1）特高压设备、换流阀等新型关键设备；

2）发电机、大型水轮机等内部结构复杂设备；

3）GIS 等无法直接观察内部构造的设备等。

### 7.2.3　电力企业虚拟现实技术应用的未来发展要点

（1）促进生产业务部门深入融合，结合生产业务部门的实际培训需求，推进虚拟培训模式的实用化推广，从实际业务需求出发，加强生产业务部门的主导策划力度，面向不同专业业务领域研发实效性培训应用。

（2）加强三维内容资源集约化开发管理，整合已有电网各类元件设备的三维虚拟素材资源，建立全面完整的电网公司虚拟现实资源素材库，促进资源网络化共享，为虚拟现实技术在电网各业务领域应用，提供更坚实的内容资源基础。

（3）加大虚拟现实网络化平台建设，虽然目前本书已完成 VR 网络培训平台的原型设计，但距离满足大用户量使用的平台仍然有差距，需要加大开发投入力度。

（4）推进增强现实 AR 技术的研究探索，紧密跟踪技术发展趋势和行业动态，以促进电网实际运行生产效率提升，促进实体设备设施与增强现实技术的创新融合，研究现场操作智能自动考评技术，提升员工技术技能实训效率；同时，面向实际生产业务，研制开发基于增强现实的智能可穿戴设备终端和巡检辅助系统。

（5）加快虚拟现实相关的电力行业技术标准研究制定，针对虚拟现实产业标准不一的问题，结合电网实际加快建立电力行业技术标准规范，促进电网领域的虚拟现实生态健康发展。